花 艺

是 最 美 丽 的

事 业

SHIYONG SHANGYE HUASHU SHEJI

实用商业花束设计

花哥 主编

图书在版编目（CIP）数据

实用商业花束设计 / 花哥主编 . -- 北京 : 中国林业出版社， 2020.1

ISBN 978-7-5219-0476-5

Ⅰ . ①实… Ⅱ . ①花… Ⅲ . ①花卉装饰 Ⅳ . ① J525.12

中国版本图书馆 CIP 数据核字 (2020) 第 022267 号

责任编辑：印　芳　邹　爱

出版发行：中国林业出版社

（100009 北京西城区刘海胡同 7 号）

http://www.forestry.gov.cn/lycb.html

电　　话：010-83143565

印　　刷：河北京平诚乾印刷有限公司

版　　次：2020 年 10 月第 1 版

印　　次：2020 年 10 月第 1 次

开　　本：710mm × 1000mm　1/16

印　　张：11

字　　数：300 千字

定　　价：68.00 元

前言

PREFACE

2020年的春天，让人终身难忘，一场疫情让所有的行业都发生了翻天覆地的变化，而花店行业尤其如此……

春暖花开的时候，我们花店可以重新营业了，但是有的人已经无力回天，有的人却风生水起，原因是什么？我曾经问一个朋友，如果一个饭店生意要想很火爆，先决条件是什么？朋友想了想说，饭店嘛，想要生意好，先决条件至少得饭菜可口，是啊！开饭店生意想好饭菜的口味必须要好，花店想要生意好，那是不是我们的花艺水平一定要到位呢？如果一个店最基础的花艺，最基本的花束都做得很丑的话，还怎么指望客人来消费，所以提升自己店铺的花艺水平，是花店转型最基本，也是最首要的一步。不过说实话，对于很多店来说，真正想走出来学习，是一件可渴求但是又很难实现的事情。有的人因为经济条件捉襟见肘，有的人因为人员受限，人走了店就得关，有的人要顾及家庭照顾孩子，所以说想学没得学，这是一个很尴尬的局面。因此花哥邀请了行业里面最优秀的20多位花艺老师，把他们拿手绝活之一——花束作品，全部展现出来！你们可以看一看哪个老师是你最喜欢的，他们都有花艺的课程，不妨跟他去学习！

花哥经常说没有经过系统学习的花店老板花束一看就看得出来，因为传统花店包装出来的花束取决于客人给了多少钱，取决于此时此刻他的店里边有多少花，有什么花。没有结构，没有色系，更不用谈黄金比例、颜色搭配，这是一件很可怕的事情，这也是我们行业为什么这么多年进步很慢的原因。而传统花店的老师多半是他当年的老板，他当年老板的老师很可能是自学成才，没有经过系统的学习，所以对于色彩的把握，对于花束整体的把握，都非常的欠缺，因此要把花束做好专业非常重要！

开花店是一件很幸福也很美好的事情，但是如果不盈利，那就很糟糕了，加强学习，增加自己赚钱的本事，开一个美丽的花店，做一个幸福的老板，花哥与您同行！

花哥

2019年11月12日

目录 CONTENTS

常见花束制作方法

斑驳老旧的窗棂下，仿佛看到你过去的笑颜，
心跳和脸红都化作红玫瑰一般的丝柔质感沉淀心间，
如果有一天窗子打开，
是你看见花，还是我看见你。
那时，所有的情感都成长为一句『好久不见』

JUST FOR YOU
JUST FOR YOU
JUST FOR YOU
JUST FOR YOU

春天的风

花艺师 谢建斌 / **图片来源** 厦门晓作花艺

注意事项保持花材叶材的空间层次体现自然感。

步骤 How to Make

1. 用打底叶材以螺旋的方式打出花束框架。
2. 加入线条叶材尤加利、雪柳叶做出高矮层次。
3. 加入主花材白色玫瑰、重瓣百合、百合‘铁炮’。
4. 用主组群的方式加入花材，注意花材要有高矮层次。
5. 加入保水棉、防水纸做保水处理。
6. 加入内衬雪梨纸，加上外包装纸、蝴蝶结收尾。

花材 Flowers & Green

白玫瑰'坦尼克'、重瓣百合、绿色洋桔梗、百合'铁炮'、雪柳叶、尤加利叶、进口扁尤加利叶、栀子叶；雪梨纸、辛西娅纸双色、缎带

Case 02

金秋时节

花艺师 谢建斌 / **图片来源** 厦门晓作花艺

花材 Flowers & Green

向日葵、暗紫红洋桔梗、大丽花、桔梗、玫瑰‘图拉伯’、米珍、芦苇、尤加利叶、栀子叶、红檵木；雪梨纸、拖蜡纸、缎带、丝带

步骤 How to Make

1. 用打底叶材以螺旋的方式打出花束框架。
2. 加入线条叶材尤加利、红檵木做出高矮层次。
3. 加入主花材向日葵、玫瑰、大丽花，用主组群的方式加入花材，注意花材要有高矮层次。
5. 加入保水棉、防水纸做保水处理。
6. 加入内衬雪梨纸，加上外包装纸、蝴蝶结收尾。

JUST FOR YOU
JUST FOR YOU
JUST FOR YOU
FOR YOU
JUST FOR YOU

红尘落幕

花艺师 谢建斌 / **图片来源** 厦门晓作花艺

步骤 How to Make

1. 用打底叶材以螺旋的方式打出花束框架。
2. 加入线条叶材尤加利、红檵木做出高矮层次。
3. 加入主花。用主组群螺旋的方式加入花材。注意花材要有高矮层次 。
4. 加入保水棉，加入防水纸做保水处理。
5. 加入内衬雪梨纸，加上外包装纸。包装纸可以用折扇子的感觉来做包装，让包装更有层次感。最后系上蝴蝶结收尾。

花材 Flowers & Green

玫瑰‘传奇’、烟花菊、洋桔梗、米珍、芦苇、栀子叶、红檵木；欧亚纸、进口纯色包装纸

Case 04

韩式甜美小花束

花艺师 陈宥希 Billie /

图片来源 珠海 SEASONS FLOWER 花店

日常送给身边的亲人、爱人都是很不错的。

花材 Flowers & Green

进口康乃馨、翠珠花；
花剪、透明胶布、丝带、
双色韩菲纸

步骤 How to Make

1. 用螺旋方法手握翠珠花做出花束中心。注意每一支高低层次感并留出少许空间；最后在空间中阶梯式加入康乃馨，注意加入过程要保持正确的螺旋状。
2. 把一张包装纸分解成一张 1/2、两张 1/4 大小（如图）1/2 纸如图折叠一角后包裹小花束背面，注意要留出完整的正面；剩余的两张 1/4 的纸张分别左、右两边遮盖小花束的底部。
3. 系上丝带，小花束完成。

Case 05

野趣小花束

花艺师 陈宥希 Billie /

图片来源 珠海 SEASONS FLOWER 花店

充满野趣的小花束，给你的生活家点料。

花材 Flowers & Green

马蹄莲、刺芹、尤加利叶、大阿米芹；花剪、透明胶布、OPP包装纸、丝带、双色韩菲纸

步骤 How to Make

1. 用螺旋方法手握马蹄莲做出花束中心。注意每一支高低层次感，突出马蹄莲的线条。在花束的两侧继续加入花材，注意每种花材的高低层次。尤加利叶要大幅度舒展开来，调整形状后捆绑花材并修剪花茎。
2. 裁剪 1/2 张双色纸，对折后准备好包裹花束作为花束背面遮挡，注意不要挡住花朵。最后裁剪 OPP 包装纸包裹正面，握点位置绑上丝带即完成花束。

现代风格单面花束

花艺师 陈宥希 Billie / **图片来源** 珠海 SEASONS FLOWER 花店

现代居家风格的花束，色彩雅致，自己上手也很简单哦。

花材 Flowers & Green

进口大花飞燕草；
花剪、透明胶布、丝带、双色韩菲纸

步骤 How to Make

1. 取 8 支大花飞燕草以螺旋手法展现出强而有力的舒展姿态。
2. 取两张双面纸分别正反面不规则重叠包裹花束的背面（如图），注意不要遮挡正面花材。
3. 剪裁好两张包装纸，在左边先完整遮盖底部，右边取第二张轻轻地横向对折倾斜，包裹花束的右侧，和左侧完美对接。最后系上丝带，花束的制作就完成了。

复古秋色小花束

花艺师 陈宥希 Billie / **图片来源** 珠海 SEASONS FLOWER 花店

秋天是橙红色的季节，做一束复古花束吧。

花材 Flowers & Green

进口玫瑰、红色千代兰、乒乓菊、花毛茛、澳蜡花、马蹄莲、复古桔梗；花剪、透明胶布、丝带、双色韩菲纸

步骤 How to Make

1. 准备花材，把叶子部分整理干净，螺旋手法从玫瑰开始依次加入花材，使其形成扇形。注意整个平面不要太平整，花材要有高低层次感。
2. 先裁剪双面纸为四张，如图先取两张分别左右两侧非对称式包裹花束背面，注意包装纸的上边界低于花朵。
3. 再取两张分别左右两侧非对称式包裹花束的正面。
4. 注意丰富包装层次。最后在握点处绑上褐色丝带。花束完成。

Case 08

萤火

花艺师 章玲 / **图片来源** 长沙 27 色花艺学院

突出面状花材，线状花材的特性刚草增加作品灵动感，OPP 纸增加透视感。

步骤 How to Make

1. 选用对比色花材 。
2. 突出组群式技巧，用螺旋的手法添加玫瑰‘柠檬泡泡’、跳舞兰、珊瑚果、刚草。
3. 将吸水棉吸水后放在花束根部吸水处，用透明保水纸收紧打结。
4. 选用与绣球同色系的包装纸。
5. 外层加上 OPP 纸增加透视感。
6. 手握点处用缎带固定，系蝴蝶结。

花材 Flowers & Green

重瓣绣球、跳舞兰、玫瑰‘柠檬泡泡’、刚草、蝴蝶兰、绿色珊瑚果；吸水棉、重金属光影纸、透明玻璃纸、加厚OPP纸

Case 09

粉红泡泡

花艺师 章玲 / **图片来源** 长沙 27 色花艺学院

包装纸要与花的形态搭配，折成锥形往两边叠加。

步骤 How to Make

1. 主花玫瑰用螺旋的手法打起来。
2. 依次添加辅材，从两边添加，增加两边的跳跃性。
3. 花材的分布为组群式手法。
4. 用麻绳在手握点处收紧，打结。
5. 将吸水棉吸水后放在花束根部吸水处，用透明保水纸收紧打结。
6. 用白金色欧雅纸折成锥形，两边扩展，两侧叠加包装纸。
7. 手握点处用缎带固定，系蝴蝶结。

花材 Flowers & Green

玫瑰‘爱莎’、白雪果、白色洋桔梗、蝴蝶兰、翠珠花、白紫罗兰；吸水棉、透明玻璃纸、欧雅纸、丝带

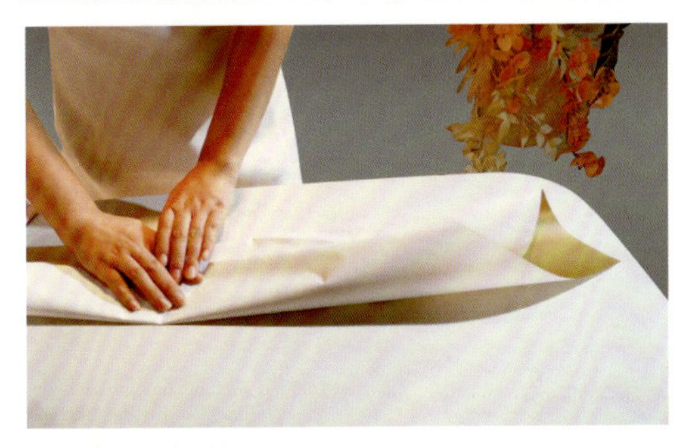

案例集锦

我不是朱丽叶，你也不是罗密欧，
但我知道，我们都能找到自己闪闪发光的星球。
我们柴米油盐酱醋茶，在一花一草里找到星辰大海；
我们春生夏长，秋收冬藏，在生活里呼吸；
我们最美妙的花期，全在和风细雨，而非惊涛骇浪；
我们静守己心，一期一会，不知老之将至。

Fairyland

抱抱熊

花艺师 程新宗 / **图片来源** 武汉花屿鹿

花材 Flowers & Green

郁金香、桔梗、马蹄莲、玫瑰、红掌、尤加利叶、非洲菊、小菊、刺芹、澳蜡花、绣球；卷筒纱、韩素纸

步骤 How to Make

1. 此作品如果用手法螺旋对基本功和花材要求较高，可以用插花容器制作。
2. 加花要加出饱满的感觉，注意细节的花材应用。
3. 因为花束体量较大，色块的分布要给人均匀的感觉，这样会更有视觉冲击力。
4. 包装纸和花材最好选用同色系，起强调作用。

烈焰

花艺师 娟紫 / **图片来源** 三亚燃熙

花材 Flowers & Green

多头玫瑰'传奇'、火龙珠、玫瑰'卡罗拉'、雪柳叶子、红色非洲菊；白色雾面纸、白色雪梨纸

步骤 How to Make

1. 使用螺旋手法打造空间感，两边高中间组群搭配。
2. 打造焦点区域。
3. 中间叶材最好不要太高于花材。
4. 包装比例 1:1 最佳。
5. 添加内衬雪梨纸。
6. 用两张雪梨纸添加花束正面。
7. 两张外包装的雾面纸放背面，左右各添加两张，同样的方法正面加两张。
8. 固定包装花束。
9. 注意我们在给包装纸褶皱起鼓的时候尽量用兰花指的手法，请勿一个手掌整个压下去。

Case 12

炽热

花艺师 娟紫 / **图片来源** 三亚燃熙

花材 Flowers & Green

玫瑰‘传奇’、玫瑰‘卡罗拉’、玫瑰‘新娘’；opp黑白条纹雾面纸、白色雪梨纸

步骤 How to Make

1. 使用螺旋手法打造空间感层次感。
2. 对折三张雪梨纸。
3. 根据花材的大小裁剪六张外包装纸。
4. 背面两张包装纸平铺无需折叠。
5. 侧面各一张包装纸错位交叉折叠。
6. 正面两张包装纸比花材低。
7. 完成。

如歌

花艺师 阮鹏飞 / **图片来源** 西安聖瓦倫丁

步骤 How to Make

1. 挑选红色系花材（尽量暗红色，如图上材料）。
2. 使用红玫瑰、玫瑰‘荣耀’及叶材做基础螺旋。
3. 做好短马蹄莲及其他短花材根部保水工作。
4. 将帝王花、马蹄莲、乒乓菊等稀有花材顺螺旋插入花束。
5. 调整花头朝向，将名贵花材层次向上浮动。
6. 花束整体偏复古，选用复古防水雪梨纸做内衬。
7. 选用黑色卷膜（大小可以随意裁剪）做外包装。

花材 Flowers & Green

红玫瑰、红色乒乓菊、深红色马蹄莲、深红色大丽花、帝王花、红色非洲菊、玫瑰‘荣耀’、进口尤加利叶；香槟色雪梨纸、黑色雾面纸、红色丝带、玻璃纸

Case 14

小王子

花艺师 唐唐 / **图片来源** 亲密思琳

不同前面纸要低于花，“S”形和“Z”形折法交替使用可使纸的层次更丰富。

步骤 How to Make

1. 以中心花为基准，顺时针或逆时针螺旋方法依次加入花材，注意随时调整花材高低位置。
2. 选择色彩与花协调的包装纸和丝带，做好保水，先拿棉纸用褶皱折法打底，依次从后面、两侧、前面加入包装纸。

花材 Flowers & Green

玫瑰‘传奇’；亲蜜思琳·柔雾纸、韩国绵纸

Case 15

惆怅旧欢如梦

花艺师 赵大发 / **图片来源** 延边雲端工作室

步骤 How to Make

1. 选择一支郁金香作为花束的中心，这支花的花朵应该相对较大。郁金香的茎部比较软，可以先用花艺铁丝缠绕花茎部分，使花茎变硬挺。
2. 加入星芹，围绕着郁金香，注意高低错落。
3. 再加入线条形花材马蹄莲，使花束层次更加丰富。继续使用螺旋手法加入全部花材。查看花束整体形状，检查花材的位置，色彩的平衡，然后用花艺铁丝扎紧花束。
4. 准备锁水棉和玻璃纸给花束做好保水，防止花材脱水。
5. 接下来我们来做包装部分，将棉纸折叠扎在花束上，这里需要注意花束的花材部分和包装部分要相互连接，高低搭配好。这样花束的内衬部分就完成啦。
6. 花束的外包装部分，使用的是韩国的黑色雾面纸，将其折叠后扎上去，最后用丝带固定即可。

花材 Flowers & Green

重瓣郁金香、马蹄莲、大星芹；韩国棉纸gm、f201黑色、花艺铁丝

Case
16

欢愉

花艺师 婧婧 / **图片来源** 上海圣托里花艺

美丽是上帝赠予的礼物，最罕见最珍贵的礼物。如果我们幸运地拥有美丽，就应该心怀感激，如果我们没有，就应该感谢别人的美给我们带来的愉悦。

花材 Flowers & Green

大花蕙兰、帝王花、红玫瑰、松虫草、荷兰郁金香、进口马蹄莲、进口尤加利、洋桔梗、小菊等

步骤 How to Make

1. 处理好花材，颜色各自分类。
2. 开始打螺旋，继续添加相对应的花材，注意花材的朝向和高低错落感。
3. 开始包装，注意折纸的方式方法（折纸也是有规律和技巧的）。
4. 拍照。注意拍照的技巧。

Case 17

秋日协作曲

花艺师 刘晓 / **图片来源** 西安西西地花艺

热热闹闹，感受秋天的喜悦。

花材 Flowers & Green

袋鼠爪、红叶、百合‘火焰’、尤加利、洋桔梗、乒乓菊、百合‘铁炮’、风铃草、野芦苇

朝朝暮暮

花艺师 阮鹏飞 / **图片来源** 西安聖瓦倫丁

注意玫瑰和配花之间的层次关系。

步骤 How to Make

1. 将大花蕙兰进行花朵拆分，单独花朵进行保水处理及加杆处理。
2. 将花材螺旋手法制作，使其形成圆形花束。
3. 用叶材类花进行空间隔离，使块状花有空间感。
4. 用黑色雪梨纸及黑纱进行内衬包装，凸显花材。
5. 用红色及橘色两种双色欧雅纸进行掺和外包装，使整个包装与花材颜色相互融合。
6. 进行收尾工作即可。

花材 Flowers & Green

火焰兰、红色多头玫瑰、澳蜡花、大花蕙兰、蜘蛛兰、红色花毛茛、龙船花、银桦花、玫瑰'可乐'；黑色雪梨纸、欧雅纸、玻璃纸、红色丝带、黑色软纱

Case 19

喜至

花艺师 甚蕃 / **图片来源** 徐州甚蕃 Flowerida

步骤 How to Make

1. 螺旋方法制作花束，帝王花等视觉感较重的花材尽量放在花束下方。
2. 在商业花束中，冬青这种价格及价值均较高的花材可以较为明显地展示出来。
3. 红色虽然喜庆，但是过多饱和度较高的红容易让整体花束较为艳俗，咖啡色能降低整体花束的鲜艳度，使花束色彩更馥郁、温柔。
4. 从花材能看出这是很适合新年主题的花束，为了更加烘托花束整体的喜庆感，包装可搭配网纱。咖色的丝网纱质感更温柔，星光纱则更加华丽喜庆。

花材 Flowers & Green

郁金香、帝王花、玫瑰‘卡布奇诺’、红掌、千代兰、康乃馨、星芹、木百合、珊瑚果、冬青

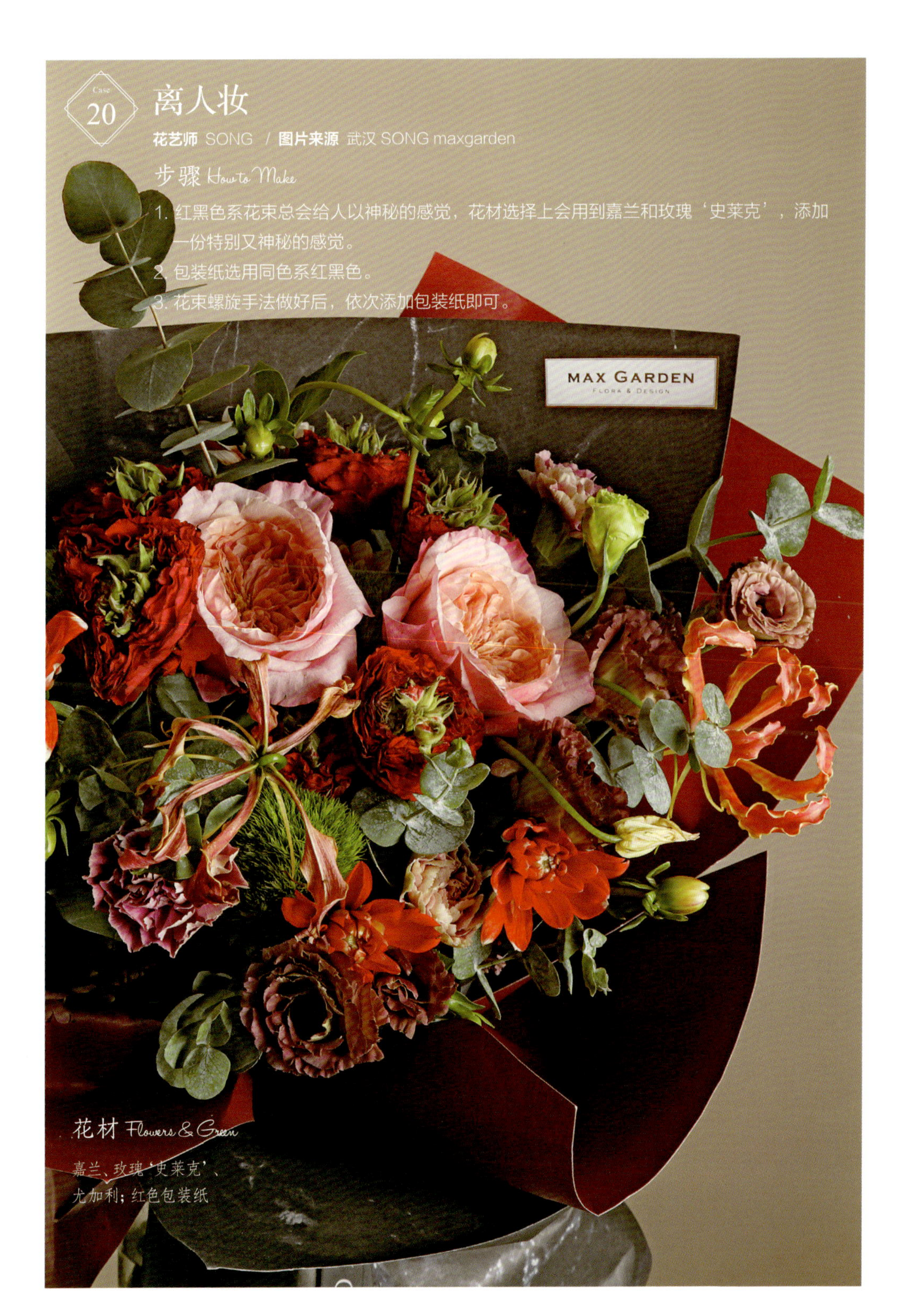

Case 20

离人妆

花艺师 SONG / **图片来源** 武汉 SONG maxgarden

步骤 How to Make

1. 红黑色系花束总会给人以神秘的感觉，花材选择上会用到嘉兰和玫瑰‘史莱克’，添加一份特别又神秘的感觉。
2. 包装纸选用同色系红黑色。
3. 花束螺旋手法做好后，依次添加包装纸即可。

花材 Flowers & Green

嘉兰、玫瑰‘史莱克’、尤加利；红色包装纸

霞帔

花艺师 甚蕃 / **图片来源** 徐州甚蕃 Flowerida

花材 Flowers & Green

马蹄莲、星芹、刺芹、红掌、玫瑰‘卡布奇诺’、玫瑰‘粉蝴蝶’、光叶绒球花

步骤 How to Make

1. 花材整体配色较为雍容华贵，暗色系为基础，点缀部分亮色加强对比度。花材的选择可以在颜色上有所过度，通过双色马蹄莲来衔接整体花束的亮、暗色。
2. 选择花材时不仅要考虑颜色，质感也应服务于整体花束出品的预期风格。如油亮的酒红色红掌非常具有华贵感，而白边深紫的马蹄莲优雅的线条感也会烘托整体花束氛围。
3. 包装配色服从于花束配色，同时可增加包装线条褶皱，能够和马蹄莲的优美曲线相呼应。
4. 星芹类配花花头之间本身是具有层次的，不宜过多地高挑出来，以防整体视觉感太过细碎。可以作为主花之间的衔接和过度。

红橙色百合花束

花艺师 王黎媛 / **图片来源** 昆明时时刻刻花植生活实验室

花材 Flowers & Green

百合‘红宝石’、玫瑰‘传奇’、玫瑰‘咖啡时间’、玫瑰‘芭比泡泡’、多头小菊、马蹄莲、茴香、文心兰、火龙珠、天堂鸟、红檵木、大叶尤加利

步骤 How to Make

红色最适合表达浓烈的情感，但一款具有设计感的混合花束在众多红玫瑰大花束中显得更加亮眼。百合给人的刻板印象是老派的、传统的、不那么时尚的，所以用它来当主花，就一定要在搭配上下功夫。

首先是配色，运用黄色提亮整体色调，打破红色给人暗沉老气的感觉；其次是红玫瑰的选择上用了暗红色的玫瑰‘传奇’，这样自带丝绒质感的红色，给人高级感；最后是包装，在不破坏平行花束形状的前提下，运用一些具有设计感的包装造型，让花束变得更灵动且具有生命力。

Case 23

渐变白粉红色调花束

花艺师 土黎媛 / **图片来源** 昆明时时刻刻花植生活实验室

花材 Flowers & Greens

非洲菊‘香格里拉卷边’、非洲菊‘大溪地卷边’、银莲花、香雪兰、大阿米芹、花毛茛‘蝴蝶’、松虫草、兔葵、麻叶绣线菊、雪柳花

步骤 How to Make

渐变色的花束相对于普通配色花束要更特别。白色过渡到米黄再到玫粉最后到暗红，这样的配色有一种明艳的花园感。所以在花材搭配上没有用质感较硬的玫瑰，而是用了更加灵动的非洲菊、银莲花、松虫草等，这样的搭配非常有空气感。

花头错落有致，层次分明，也是花园感花束的要点；多用小碎花，增加自然感。

纯白的包装纸可以突显花束设计，加入一些异形的包装设计，让整体风格更活泼。

Case 24

芦苇大花束

花艺师 王黎媛 / **图片来源** 昆明时时刻刻花植生活实验室

花材 Flowers & Green

芦苇、玫瑰'闪耀'、洋桔梗、灯台、冬青、秋绣球、泡沫叶、乌桕果

步骤 How to Make

芦苇是秋天的代表花材，加入花束中，感觉收获了一整个秋天。配花选择了季节性很强的黄色和红色调，加上果实质感的乌桕，一束充满生机的秋季大花束就完成了。

粉橙花束

花艺师 王黎媛 / **图片来源** 昆明时时刻刻花植生活实验室

花材 Flowers & Green

大花惠兰、玫瑰‘粉荔枝’、玫瑰‘果汁泡泡’、马蹄莲、花毛茛‘蝴蝶’、郁金香‘草莓松饼’、非洲菊、天堂鸟、紫罗兰、黄金球、洋桔梗、麻叶绣线菊、大叶尤加利叶

步骤 How to Make

粉色的浪漫融合橙色的热烈，就是爱情该有的颜色。花束大多以团块状花材组成，没有太多散状花材，这样大色块的视觉冲击，赋予了花束更加大胆的情感表达。
蝴蝶兰的优雅弱化了天堂鸟的尖锐，这样两种不同情感表达的花材相融，让花束变得尤为特别。

羽毛架构花束

花艺师 王黎媛 / **图片来源** 昆明时时刻刻花植生活实验室

步骤 How to Make

先用 20 号铁丝编制手工鸡笼网，再缠绕上羽毛串作为架构基底，随后在鸡笼网中间的中空区域插花。

花材在整体原则上和羽毛是相互呼应的，比较温柔。羽毛作为花束的设计要素之一，它的颜色也计入整体色彩搭配，即：白色作为基调色，占比 70%；粉色是配合色，占比 25%；蓝色是强调色，占比 5%。

花材 Flowers & Green

银莲花、玫瑰‘粉色荔枝’、粉色花毛茛、粉色郁金香、非洲菊、粉色松虫草、粉色矢车菊、刺芹、粉色穗花、蓝星花；20号铁丝、羽毛、纸包花艺铁丝、0.4mm铜线

双生花

花艺师 林晓玲 / **图片来源** 厦门晓作花艺

该作品采用黄与红邻近色的搭配，演绎浪漫与理性的碰撞；
也可采用对比色搭配，颜色的冲击，产生视觉感。

步骤 How to Make

1. 整理花材，把花材按颜色分好。
2. 按螺旋方式，从黄色系花材开始添加，渐渐过渡到红色系花材（颜色从深黄色过度到浅黄，再从浅红到深红色）。
3. 调整花型，剪根，添加保鲜剂，做好保水。
4. 用雪梨纸打底做内衬，外层黄色花材部分用黄色系包装纸，红色花材部分用红色系包装纸。
5. 系上丝带，整理好花束。

花材 Flowers & Green

黄玫瑰、多头玫瑰、香水百合、小雏菊、洋甘菊、澳蜡花、针垫花、火龙珠、红玫瑰

Case 28

踏雪寻梅

花艺师 曾希 / **图片来源** 成都 Lady Myron 花束设计

步骤 How to Make

1. 用十字法把花束制作好后做好保水。
2. 将包装纸对折后，捏出褶皱备用。
3. 先用大张玻璃纸包装出大概轮廓。
4. 用第 3 步备用的包装纸烘托花束的方式进行包装后固定。

花材 Flowers & Green

梅花、玻璃纸

Case 29 蒸蒸日上

花艺师 范江 / **图片来源** 重庆花谷

步骤 How to Make

1. 嘉兰和帝王花‘公主’做为主花材，用螺旋手法加入帝王花‘公主’、针垫花和玫瑰。
2. 使用穿插手法加入其他花材，穿插时注意嘉兰和千代兰高低错落、层次分明。
3. 包装使用红色加黑色，增加层次感。
4. 红色花结和整体花束的色彩相协调。
5. 适合冬季和热闹的场合。

花材 Flowers & Green

嘉兰、帝王花‘公主’、针垫花、千代兰、木百合、玫瑰‘嘉荷’；黑色、红色包装纸、红色花结

热辣

花艺师 范江 / **图片来源** 重庆花谷

本作品色彩上用了大量的红色，尽显热情与奔放，包装手法简单明了，不抢主角光环。

花材 Flowers & Green

玫瑰、金丝桃、桔梗、非洲菊、桉树叶、澳蜡花；
黑色雪梨纸、肤色包装纸、黑色花结

步骤 How to Make

1. 首先用较短的叶材打底（便于后面打出层次）。
2. 用大量的玫瑰做为花束主花，注意半球型分布。
3. 加入填补空洞的散状花材。
4. 包装纸的顺序（内衬用黑色雪梨纸将花包裹，增加层次感）。

炙

花艺师 Belle 惠 / **图片来源** 温州 VM 香草山

步骤 How to Make

1. 用帝王花作为主花，和玫瑰‘传奇’一起打螺旋，玫瑰以整体组群的方式呈现，形成简约感。
2. 花束一侧加入竹芋类的植物，作为块状来呈现。
3. 花束的边后侧和前侧加入苏铁叶。
4. 用藏蓝色和红色的包装纸，以打螺旋的方式加入，这样包装纸的形态更加蓬松自然。

花材 Flowers & Green

帝王花、玫瑰‘传奇’、竹芋、喷色铁树

邂逅

花艺师 朱雨晴 / **图片来源** 武汉 Amber Flora 花艺工作室

"当善良遇见温柔，喜欢跟合适撞了个满怀，便是世界上最美好的邂逅"。

花材 Flowers & Green

粉帝王花、针垫花、玫瑰'迪威娜'、向日葵'巧克力'、茶色桔梗、大花飞燕草、玫瑰'小怪兽'、酸浆果、火棘果、藿香蓟、火焰兰、彩叶尤加利等

Case 33

潋滟

花艺师 梁子 / **图片来源** 北京梁子花艺

步骤 How to Make

用纸板做一个外径 20cm、内径 16cm 的纸板圆环，外围用红色丝带缠绕，用组群的手法制作，注意架构和花材的融合性。

花材 Flowers & Green

紫色郁金香、
红色松虫草、
暗红色小菊、
红色多头康乃馨、
玫瑰‘流星雨’

星河

花艺师 梁子 / **图片来源** 北京梁子花艺

花材 Flowers & Green

红叶石楠、浅紫色丁香、粉色多头玫瑰、迷你粉色非洲菊、粉色勿忘我、粉色香雪兰、粉色康乃馨、粉色翠菊、树枝

步骤 How to Make

用树枝制作自然型架构，用自然型加花方式制作。

Case 35

清梦

花艺师 梁子 / **图片来源** 北京梁子花艺

花材 Flowers & Green

粉色郁金香、粉色波浪型桔梗、
兔葵、百合‘绿色水仙’、大阿米芹、
粉色绣球、粉色蓟、多头康乃馨

步骤 How to Make

将纸杯沿口剪开粘贴一个直径40cm的圆形，用混合的手法制作花束。

温柔的日常

花艺师 赵大发 / **图片来源** 延边雲端工作室

步骤 How to Make

选择荔枝玫瑰作为第一支花，加入芍药在旁边高于玫瑰‘荔枝’一个花头。依次加入洋桔梗、芍药和玫瑰‘荔枝’。这里注意芍药和玫瑰‘荔枝’的高低分布。

在块状花材的间隔中加入雪柳叶和落新妇，线条型花材可使花束层次更丰富。大阿米芹的位置最高，增加轻盈感和空气感。检查整体颜色分布以及花束形状，用麻绳或花艺铁丝绑好，并做锁水。

折叠雪梨纸，展现出更多的角与层次，环绕花束扎上去，花束后方最高，依次向前方回落。外层用丝麻网纱呈环状包裹，使其更好成型。最后用双色丝带和珍珠串固定和装饰。

花材 Flowers & Green

芍药、玫瑰‘荔枝’、洋桔梗、落新妇、大阿米芹、喷泉草、雪柳叶；韩国雪梨纸、韩国丝麻网纱

Case 37

夏深

花艺师 不遠 / **图片来源** 兰州不遠 ColorfulRoad

花材 Flowers & Green

芍药、玫瑰‘尼肯亚珍珠’、玫瑰‘荔枝’、非洲菊‘布拉格卷边’、荷兰落新妇、重瓣郁金香、乒乓菊、粉桔梗

步骤 How to Make

1. 注意所选花材之间的色系和形态搭配，如细碎花材与块状花材之间的搭配，
2. 打螺旋，将花材放在不同的高低层面来做出合适的形状。
3. 加入雪梨纸使花束的形状更为完整和圆润。
4. 将包装纸剪裁成了圆形，来凸显粉色花束与圆形包装的可爱感，将剪裁好的包装纸根据花束的形状进行围合。

聘聘袅袅

花艺师 曾希 / **图片来源** 成都 Lady Myron 花束设计

花材 Flowers & Green

月季

步骤 How to Make

1. 用十字法把花束制作好后做好保水。
2. 根据花束的色系选择同色系的包装纸对折后，捏出褶皱备用。
3. 先用大张玻璃纸包装出大概轮廓。
4. 用第 3 步备用的包装纸烘托花束的方式进行包装后固定。
5. 选择撞色或者同色系的丝带装饰。

情定今生

花艺师 SONG / **图片来源** 武汉 SONG maxgarden

纯色系的花束好似纯纯的感情，只想与你情定今生。

花材 Flowers & Green

玫瑰‘长相思’

步骤 How to Make

单一花材是很好操作的。用玫瑰直接做半球形螺旋花束，扎好，外面制作简单包装即可。

Case 40

小鹿乱撞

花艺师 SONG / **图片来源** 武汉 SONG maxgarden

色彩繁多的深处，小鹿在心间乱撞。

步骤 *How to Make*

1. 先把花材做好保水。
2. 根据花的不同颜色进行插入。
3. 将粉色包装纸捏出褶皱，再用大张玻璃纸包装出大概轮廓。
4. 进行包装后固定。
5. 选择灰白色系丝带装饰。

花材 *Flowers & Green*

月季、马蹄莲、铁线莲、小菊

199 粉荔枝

花艺师 小海 / **图片来源** 唐山花开未满

注意花材的紧密度要适中以及花朵间高低错落有致。

花材 Flowers & Green

粉色玫瑰‘荔枝’、苹果桉；粉色雪梨纸、双色欧雅纸、赫本纱

步骤 How to Make

1. 依次以螺旋的手法加入玫瑰‘荔枝’。
2. 加入玫瑰的过程中疏密有致地加入苹果桉叶。

此作品适合年轻女性，尤其是刚进入热恋期的恋人，粉粉的少女心，纯真烂漫。

白粉紫俄式

花艺师 小海 / **图片来源** 唐山花开未满

注意色彩的协调过渡，注意空间层次。

步骤 How to Make

1. 加入玫瑰粉色‘荔枝’。
2. 加入紫色系花材及粉色红掌。
3. 加入白色系花材及粉色大丽花。
4. 加入粉色花毛茛。

花材 Flowers & Green

白色大丽花、龙胆‘白色冰激凌’、翠珠花、白色粉边龙胆、粉色大丽花、粉色玫瑰‘荔枝’、粉色花毛茛、紫色大丽花、粉色红掌、玫瑰‘魅影’；白色雪梨纸、蓝灰色蜜糖纸

Case 43

橙红复古色

花艺师 小海 / **图片来源** 唐山花开未满

注意花头的朝向并保持作品整体良好的空间层次及形态。

花材 Flowers & Green

红色大丽花、红色郁金香、红色花毛茛、帝王花‘公主’、橙色花毛茛、橙色大丽花、复古藕色康乃馨、秋色绣球、龙胆、复古咖色红掌、尤加利叶；灰色雪梨纸、奶糖色蜜糖纸

步骤 How to Make

1. 用尤加利叶形成空间结构。
2. 依次加入秋色绣球、康乃馨、大丽花、帝王花‘公主’、龙胆确定作品整体基础形态。
3. 加入毛茛、郁金香以及咖色掌，挑起空间，增加作品生动性和趣味性。

粉白之间

花艺师 王懿玲 / **图片来源** 许昌觉匠

手抓点稍微靠上、密集花材的同时注意花与花之间留空隙。

花材 Flowers & Green

六出花、非洲菊‘白色炸毛’、洋桔梗、洋甘菊、粉色红掌、复古康乃馨、楼兰、玫瑰‘假日公主’、多头玫瑰、尤加利；普通双色韩素纸、定制logo缎带

步骤 How to Make

1. 春兰叶及尤加利打底做空隙间隔，并且作为收拢整体花型框架。
2. 加入主体花材。花和叶材同时加入、不同色花材注意三角形结构分布在作品里。
3. 整体形状偏向椭圆形结构，空隙位置填充花材。
4. 位于左或者右中间靠后位置加入线条花材挑高。
5. 加入焦点花材：进口花材或者异型花材。
6. 收尾做包装。

流霜

花艺师 王黎媛 / **图片来源** 昆明时时刻刻花植生活实验室

步骤 How to Make

运用大面积的海蓝色绣球，让整体基调为粉色的花束多了几分神秘感。设计灵感源于黄昏海滩的阳光，蓝色的水面、暖粉色的云彩以及海滩上牵手拥抱的恋人，一切都是自然又浪漫的。

花材选择了帝王花作主花，大气又与众不同。为了突显帝王花的气质，花材搭配上也是多以团块状花材为主，整体更为协调，也足够吸睛。

花材 Flowers & Green

帝王花、绣球、百合‘铁炮’、玫瑰‘荔枝’、大花飞燕草、喷泉草、郁金香、麻叶绣线菊

芳甸

花艺师 赵静 / **图片来源** 武汉 Amber Flora 花艺工作室

人生若只如初见，是灯火阑珊，是月色朦胧，是惊鸿一瞥，是一眼万年。

花材 Flowers & Green

铁线莲、芍药‘落日珊瑚’、重瓣郁金香、丁香、松虫草、大阿米芹、玫瑰‘巧克力’、小菊‘油画’、豌豆花、飞燕草、耧斗菜、多头紫罗兰、重瓣兔葵、麻叶绣线菊等

花裳

花艺师 刘栩绯 / **图片来源** 聊城花艺坊

花朵的层次和空间感，
包装顺着花的形状延伸。

步骤 How to Make

1. 螺旋手法依次加入主材和叶材，要有层次感。
2. 用线条花做出构架。
3. 依次加入配花，要有空间感和比例。

花材 Flowers & Green

文心兰、星点木、多头玫瑰、紫罗兰、非洲菊、针垫花、玫瑰‘果汁泡泡’、玫瑰‘芭比娃娃’、大丽花、大卫奥斯汀玫瑰、乒乓菊；双色网眼纱、花色雾面纸

Case 48

花林

花艺师 刘栩绯 / **图片来源** 聊城花艺坊

花与花之间的层次和空间感和自然的状态。

步骤 How to Make

1. 螺旋手法依次加入主材和叶材，要有层次感。
2. 依次加入配花，要有空间感和比例。

花材 Flowers & Green

非洲菊、康乃馨‘粉佳人’、白色雏菊、澳蜡花、粉红玫瑰‘雪山’、紫色洋桔梗、白色桔梗、郁金香、花毛茛、雪柳叶；白线OPP纸、白色网眼纱、白色雾面纸

Case 49

烈火

花艺师 刘栩绯 / **图片来源** 聊城花艺坊

花与花之间的层次、空间感和自然的状态。

步骤 How to Make

1. 螺旋手法依次加入主材和叶材，要有层次感。
2. 依次加入配花，要有空间感和比例。

花材 Flowers & Green

非洲菊、刺芹、花毛茛、火龙珠、小菊‘红丹特’、多头玫瑰‘紫罗兰’、红玫瑰‘罗得斯’；黑色硬纸

Case 50

ins 网红草莓花束

花艺师 林晓玲 / **图片来源** 厦门晓作花艺

水果花束起源于对女性的爱，该花束是现在比较流行的水果花束，不仅美丽又健康，也比较实用。

花材 Flowers & Green

草莓、洋甘菊；雪梨纸、雾面纸

步骤 How to Make

1. 挑选形状大小比较一致的草莓（草莓的外形会影响整体效果，尽量挑选形状比较一致的）。
2. 用玻璃纸包裹所有草莓，用气球托或竹签做枝干（包装时不要太用力，不然容易将草莓挤坏）。
3. 采用打螺旋的方式，边加草莓边加花材，添加过程不断做花型调整（如果担心草莓被挤坏，可以把草莓插花泥上）。
4. 剪根，做保水。
5. 用雪梨纸做内层包装，在用雾面纸做外层包装，在最外围增加一层厚玻璃纸，起到保护草莓花束的作用。
6. 系上蝴蝶结，整理花束。

Case 51

爱马仕橙的秋天

花艺师 春雨 / **图片来源** 昆明春雨花艺

花材 Flowers & Green

玫瑰‘巫术’、玫瑰‘闪耀’、向日葵‘泰迪’、小丽花、染色洋桔梗、马蹄莲、永生尤加利、火焰兰果实、小菊

本作品在色彩上用了大面积的橙色和黄色，
以红色为点缀，包装手法力求简单，
以显现花朵的万千姿态。
赠你这抹明亮的秋色，以驱散生活的阴霾。

步骤 How to Make

1. 首先放置框架花材做花束支撑，比如散状花材小菊。
2. 填充花材的注意高低主次。
3. 打好花束做引水层、保水层。
4. 做内衬雪梨纸，增加花束层次感做外包装，注意褶皱的自然感。

Case 52

红与黑

花艺师 春雨 / **图片来源** 昆明春雨花艺

花材 Flowers & Green

小菊、玫瑰‘闪耀’、玫瑰‘卡罗拉’、红色乒乓菊、永生风车果

步骤 How to Make

1. 首先放置主花材，有了中心点。
2. 填充不同形态的配花，轻盈的点状花材可以挑高出线条。
3. 打好花束，做引水层、保水层。
4. 黑色雪梨纸做内衬，增加花束的视觉体积感。
5. 做好外包装，系上简单蝴蝶结。

作品用了经典的红黑色系搭配，红色的隆重搭配黑色的典雅，好像在表达，我很酷，我不理你，你也别理我。

Case 53

秘密

花艺师 Z / **图片来源** 杭州 Z Flower

步骤 How to Make

1. 处理好花材，按点、线、块、散状花材分好类。
2. 先用绣球定位，填充空间。
3. 开始以螺旋的方式加入花材，先用块状花材打出“V”的形态，再加入散、块、点、线花材。
4. 注意花材组群时有疏有密，有集中有分散。
5. 加入散状花填补空间的同时，也要注意层次感的营造。
6. 最后加入线性花材延伸空间，要注意左右平衡感的把握。

花材 Flowers & Green

红玫瑰‘荣耀’、绣球、茶色桔梗、郁金香、银莲花、六出花、澳洲米花、花毛茛、多头紫罗兰、尤加利、土人参、落雨松、冬青

涧涧

花艺师 Z / **图片来源** 杭州 Z Flower

花材 Flowers & Green

玫瑰‘卡布其诺’、郁金香、雪梅、茶色桔梗、多头紫罗兰、松虫草、落新妇、商陆

步骤 How to Make

1. 处理好花材，
   按点、线、块、散状花材分好类。
2. 开始以螺旋的方式加入花材，
   注意散、块、点、线花材的应用。
3. 先用散状花材打框架，握点要低。
4. 先加配花，再定焦点花，
   加入块状花时，要注意花与花之间的间距。
5. 处理好视觉中心的花材位置，体现立体感。
6. 加入线条花材延伸空间。
7. 空隙比较大的位置加入散状花填充。

小时代

花艺师 文慧 / **图片来源** 张掖往林间

适合小型花束，很优雅，也可以叫臂弯花束，随身夹在臂弯很好携带，去好朋友家做客的伴手礼，或者去接机，最适合不过。

步骤 How to Make

1. 打一个小螺旋，还是要注意层次和空间感。
2. 让一些花头轻盈的花材跳出来。
3. 扎完后花茎剪短一点，包出较长的尾巴，再搭配裙摆。

花材 Flowers & Green

玫瑰‘火焰’、玫瑰‘金辉’、洋桔梗、麦秆菊、六出花、红瑞木

Case 56

秋天里

花艺师 文慧 / **图片来源** 张掖往林间

一束秋意浓的花束，让深秋不再单调。

步骤 How to Make

1. 使用十字交叉法，用红瑞木、枫叶打出平行框架，插入花材。
2. 层次要很明显，空间要足够大。
3. 最后加入果实类还有姿态优美、花头轻盈的花材。
4. 焦点花材大丽花也是后面加，在较明显的位置插的突出一点。
5. 包装是顺着扎好的花势，选同色系的包装纸做简单修饰，不要喧宾夺主。

花材 Flowers & Green

玫瑰‘火焰’、玫瑰‘金辉’、大丽花、洋桔梗、玫瑰‘芭比泡泡’、小蔷薇、麦秆菊、六出花、野果、枫叶、红瑞木

Case 57

青春

花艺师 阮鹏飞 / **图片来源** 西安聖瓦倫丁

注意粉玫瑰‘雪山’和粉色多头玫瑰之间的层次关系。

步骤 How to Make

1. 选用多种形态与大小不同的粉色花材。
2. 螺旋手法将花束快速定型。
3. 将花头饱满、花形优质的花朵位置向花束正面调整。
4. 修剪多余的尤加利叶，使叶材少而且低，突出花材。
5. 选用裸香槟色雪梨纸做内衬，双色欧亚纸做外包装。
6. 第一张外包装从正后方开始，左右一次向前上包装。
7. 正前方留出口子造型。

花材 Flowers & Green

粉玫瑰‘雪山’、粉色多头玫瑰、乒乓菊、白豆、白桔梗、尤加利叶；香槟色雪梨纸、欧雅纸、玻璃纸、粉色丝带

虚无

花艺师 阮鹏飞 / **图片来源** 西安聖瓦倫丁

不同花材间要高低不一、错落有致。

步骤 How to Make

1. 选用紫色系花材和粉色系花材，用白色花材过渡。
2. 制作螺旋时特意将粉色花材放低，使紫色花更凸显。
3. 将线性花紫罗兰位置靠后方挑高。
4. 注意整体花朵间的层次错落及花头空间。
5. 将紫色波浪桔梗的叶子及未开花骨朵尽可能去掉。
6. 卷状牛皮纸根据需要剪裁进行包装。
7. 收尾调整细节即可。

花材 Flowers & Green

粉色紫罗兰、粉色洋桔梗、白色乒乓菊、白色郁金香、浅紫色松虫草、粉多丁、白色澳蜡花、粉玫瑰‘佳人’、白色桔梗；白色雪梨纸、牛皮纸、紫色丝带

意深浓

花艺师 王懿玲 / **图片来源** 许昌觉匠

叶材打底做框架，整体呈现蝴蝶结形状。花材加入过程中注意在形的中间留空，也就是中间位置稍微低下去，两侧呈上升状态，饱满度要做到深浅有花，层次明显。

步骤 How to Make

1. 尤加利大小三支作为一个小支架，打底，做空隙间隔。
2. 加入主体花材、当然花和叶材同时加入、不同色花材注意三角形结构分布在作品里。
3. 整体形状偏向不规则心形，中间位置低，两侧挑高。空隙位置填充花材。
4. 位于左或者右中间靠后位置加入焦点花及副焦点花。
5. 线性花材挑高出线条。
6. 收尾包装留意纸的正反朝向。

花材 Flowers & Green

红色洋桔梗、多头蔷薇、紫罗兰、火焰兰、进口花边康乃馨、红色花毛茛、大花蕙兰、尤加利、彩色桉树叶；慕晴纸、普通白色棉纸、韩版纱织带

花材 Flowers & Green
非洲菊、针垫花、玫瑰‘欢乐颂’、红橙乒乓菊、红桔梗、橙六出花、佛塔、火焰兰、铁芒萁、金条垂柳、红六出花、彩色桉树叶；马赛克网、灰黑色双面二代韩素纸、米咖色双面韩素纸、logo缎带流苏

欢乐颂

花艺师 王懿玲 / **图片来源** 许昌觉匠

同色系配搭，金条垂柳是挑出来做线条延伸及分层次用，花束整体长方形延展。

步骤 How to Make

1. 用大小不同三支尤加利作为一个小支架，打底，做空隙间隔。
2. 加入主体花材、当然花和叶材同时加入，特殊花材注意三角形结构分布在作品里。
3. 整体形状偏向椭圆及长方形延展。空隙位置填充花材。
4. 位于左或者右中间靠后位置加入焦点花及副焦点花。
5. 线性花材或者叶材挑高出线条。
6. 收尾做包装。包装的时候留意纸的正反朝向，尽量服贴。

怡然自得

花艺师 唐唐 / **图片来源** 亲密思琳

注意色彩搭配的衔接及花材层次。

步骤 How to Make

1. 明确色系，用体量较大的花材定“点”确定轮廓。
2. 依次加入配花逐渐丰满结构，构成“块”状基础。
3. 选择细长枝条及带线条感花材做延伸，完成“线”部分。

花材 Flowers & Green

洋桔梗、玫瑰‘卡布奇诺’、玫瑰‘珍珠雪山’、铁线莲、小菊、波斯菊、玉簪、六道木；亲蜜思琳·藤编手提花篮

灵犀

花艺师 唐唐 / **图片来源** 亲密思琳

步骤 How to Make

1. 线条类叶材打底，螺旋打法依次加入花材。
2. 前后高低层次拉大，花束整体呈倒三角形。
3. 包装纸以纯色为主，简单包装。

花材 Flowers & Green

洋桔梗、玫瑰‘黄蝴蝶’、玫瑰‘卡布奇诺’、郁金香、铁线莲、雪梅、松虫草、六道木；亲蜜思琳·韩国绵纸、流光雾面纸

Case 63

执子之手

花艺师 唐唐 / **图片来源** 亲密思琳

执子之手，与子偕老。

花材 *Flowers & Green*

洋桔梗、玫瑰「荔枝」、六出花、松虫草、风车果、雪柳叶、芍药、多头玫瑰「鸳鸯」、郁金香；

亲蜜思琳·小金条长方花盒

步骤 *How to Make*

1. 垫好玻璃纸放入花泥，雪柳叶打底，白、粉色玫瑰「荔枝」交替呈不等边三角形加入。
2. 洋桔梗填充大空，继续加入其他花材。
3. 用郁金香及松虫草做挑高拉长线条。
4. 最后用一支玫红色多头玫瑰「鸳鸯」点亮整体色彩。

恋人未满

花艺师 文慧 / **图片来源** 张掖往林间

点单率超高的花束，花材丰富，颜色温柔，大小适中。

步骤 How to Make

1. 使用螺旋手法，主花材与辅花材搭配依次加入。
2. 注意花材的颜色平均分配到各个部分。
3. 做出层次感，至少三层。
4. 把控好空间感，不要让花头挤在一起，让每朵花儿都有开放的空间，自由呼吸。
5. 包装的时候先用雪梨纸打底，捏出自然褶皱，有遮挡花茎的作用，也让整体花束更加蓬松，外面包装纸不会紧贴花材。

花材 Flowers & Green

玫瑰'粉红雪山'、玫瑰'白色雪山'、乒乓菊、非洲菊、玫瑰'多头蝴蝶'、康乃馨、洋桔梗、尤加利

Case 65

你听得到

花艺师 文慧 / **图片来源** 张掖往林间

低调简单的包装，
充分展现花束的美丽姿态。

步骤 How to Make

1. 使用十字交叉法，营造多层次、跳跃感，让植物自由生长。
2. 这种很跳跃的花束都不用螺旋手法，哪里需要往哪加。
3. 团状花材和一些姿态很优美的花材尽量伸出去，将最美的一面展示出来。
4. 包装不要抢风头，要低调，选简单的纸，捏出自然褶皱包一圈，让花材尽情展示美丽的姿态。

花材 Flowers & Green

玫瑰‘欢乐颂’、玫瑰‘多头泡泡’、 玫瑰‘多头蝴蝶’、非洲菊、迷你非洲菊、小雏菊、洋桔梗、尤加利‘紫罗兰’

Case 66

花满天

花艺师 唐唐 / **图片来源** 亲密思琳

步骤 How to Make

1. 明确色系，抓一把银叶菊打底。
2. 用体量较大的玫瑰、桔梗做结构花确定轮廓。
3. 依次加入配花逐渐丰满结构。
4. 选择细长枝条及带线条感花材做延伸，完成“线”部分。

花材 Flowers & Green

洋桔梗、玫瑰‘卡哈拉’、乒乓菊、翠珠花、虾衣花、银叶菊、水晶草、粉蓼、永生花（意仁果、芦苇、兔尾草）；亲蜜思琳·洞洞网纱、柔雾纸

橘岛

花艺师 不遠 /

图片来源 兰州不遠 ColorfulRoad

花材 Flowers & Green

芍药、玫瑰‘琉璃翠’、多头玫瑰‘黄蝴蝶’、重瓣郁金香、香槟洋桔梗、百合‘水仙’、百合‘圣心’、翠珠花、蓝盆花、春兰叶

步骤 How to Make

1. 整理花材，使用螺旋手法将花束打成一束，在边缘处使用春兰叶，让花束更有延伸感。
2. 注意整体的形状与花材的高低参差，郁金香的根茎线条可以跳出来一些展现灵动感。
3. 包装纸选用有质感的硬纸材质，将纸裁成不规则的形状。
4. 根据花束的形态将不规则的包装纸根据自己的想法和喜好加入进来。
5. 注意包装纸的尖角和弧度的呈现，不要成为一个平面。
6. 整体呈现可以自由变换方位，正面拿花束或者竖向观看花束都不影响美观度。

Case 68

珍白

花艺师 不遠 / **图片来源** 兰州不遠 ColorfulRoad

花材 Flowers & Green

芍药‘落日珊瑚’、玫瑰‘尼肯亚珍珠’、玫瑰‘迪薇娜’、非洲菊、荷兰落新妇、焦糖康乃馨、香槟洋桔梗、圆叶尤加利

步骤 How to Make

1. 根据色系搭配和处理花材。
2. 开始打螺旋，注意花头的朝向和高低层次，做成椭圆状。
3. 开始包装，注意每一次握点的一致。
4. 包装纸可以尝试褶皱和角度的变化，根据花束的形状进行围合。
5. 拍照时注意花朵的形状和层次的展现。

绵绵

花艺师 婧婧 / **图片来源** 上海圣托里花艺

柔和的色彩，让人感觉温暖绵绵。

步骤 How to Make

1. 处理好花材。
2. 打理好圆形玫瑰花束。
3. 包上包装。

花材 Flowers & Green

玫瑰‘迪威娜’

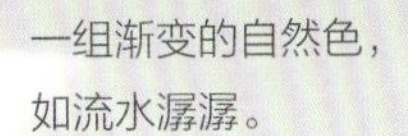

一组渐变的自然色，
如流水潺潺。

步骤 How to Make

1. 处理好花材，颜色各自的分类。
2. 开始打螺旋，进行添加相对应的花材，注意花材的朝向和高低错落感。
3. 开始包装，注意折纸的方式方法（折纸也是有规律有技巧的）。
4. 注意拍照的动作技巧。

Case 70

潺潺

花艺师 婧婧 / **图片来源** 上海圣托里花艺

花材 Flowers & Green

玫瑰‘白色雪山’、白色洋桔梗、玫瑰‘迪威娜’、非洲菊、粉色千日红、进口郁金香、莵葵、澳蜡花、商陆、蝴蝶兰、花毛茛等

Case 71

向日葵熊抱花束

花艺师 王黎媛 / **图片来源** 昆明时时刻刻花植生活实验室

花材 Flowers & Green

向日葵、绣球、洋桔梗、玫瑰色小头蝴蝶兰、天堂鸟、玫瑰、紫色孔雀草、红色蓝盆花、橙色澳蜡花、灯台、尤加利叶

步骤 How to Make

这是一个插花容器制作的大型熊抱花束。整个作品的配色是以橙黄色＋紫色的对比色调为主的，而包装纸的颜色也是沿用这一配色，更加强了视觉冲击力。

但是由于在花材选择上还是以秋天色调为主，所以即使包装纸颜色浓烈，整体的季节感也比较突出。

落日珊瑚

花艺师 赵静 / **图片来源** 武汉 Amber Flora 花艺工作室

情有独钟、难舍难分、依依不舍
“好风景多的是，夕阳平常事
然而每天眼见的，永远不相似”。

花材 Flowers & Green

芍药‘落日珊瑚’、鸢尾、银莲花、虞美人、玫瑰‘朱丽叶塔’、草莓松饼、花毛茛‘蝴蝶’、飞燕草‘千鸟’、灯台、跳舞兰、多头玫瑰‘钻石’、蓝盆花等

Case 73

木棉与橡树

花艺师 春雨 / **图片来源** 昆明春雨花艺

花材 Flowers & Green

紫玫瑰‘多洛塔’、紫玫瑰‘海洋之歌’、酒红色洋桔梗、永生澳洲米花、永生尤加利叶、永生狗尾草、黄金球、迎客豆、花毛茛

我必须是你近旁的一株木棉
作为树的形象和你站在一起
根，紧握在地下
叶，相触在云里。

步骤 How to Make

1. 挑选不同形态的花材，去掉杂叶，清理干净。
2. 以螺旋的手法将花材组合在一起，注意花材之间的层次感。
3. 做好引水层和保水层。
4. 用大地色雪梨纸做内衬营造层次感。
5. 做好外包装，系简单丝带蝴蝶结。

Case
74

就简

花艺师 刘晓 / **图片来源** 西安西西地花艺

春意盎然，轻柔的颜色让人很舒服，在这个春天去重新收获新的力量。

步骤 How to Make

1. 先以奥斯汀玫瑰和洋桔梗打螺旋，做内部结构。
2. 加入落新妇，层次拔高。
3. 加入飞燕草等丰富层次形态。
4. 鲜花以小组群的形式加入，即成为焦点也避免了众多花材容易产生的杂乱感，将花材最漂亮的一面呈现出来。

花材 Flowers & Green

奥斯汀玫瑰、落新妇、白色洋桔梗、白色飞燕草

Case 75

五月的风

花艺师 赵静 / **图片来源** 武汉 Amber Flora 花艺工作室

五月的风，吹来了明亮的夏天。

花材 Flowers & Green

朱顶红、玫瑰‘迪威娜’、多头玫瑰‘钻石’、玫瑰‘海洋之谜’、重瓣洋水仙、飞燕草‘千鸟’、花毛茛‘蝴蝶’、郁金香、花毛茛、风铃草、麻叶绣线菊、康乃馨、格桑花等

Case 76

微凉的你

花艺师 赵静 / **图片来源** 武汉 Amber Flora 花艺工作室

春末夏初的微凉，你像风甜的刚好。

花材 Flowers & Green

玫瑰、洋桔梗、小向日葵、郁金香‘米老鼠’、蓝盆花、花毛茛‘蝴蝶’、铁线莲、耧斗菜、香豌豆、丁香、滨菊、麻叶绣线菊、芨芨草、落新妇、荠菜花等

Case 77

橘岛

花艺师 赵大发 / **图片来源** 延边雲端工作室

花材 Flowers & Green

芍药、玫瑰‘琉璃翠’、多头玫瑰‘黄蝴蝶’、重瓣郁金香、香槟洋桔梗、百合‘水仙’、百合‘圣心’、翠珠花、蓝盆花、春兰叶

步骤 How to Make

选择多头玫瑰为第一支花，多头玫瑰的分叉较多，早期加入花束中可以使分布更加合理。在多头玫瑰花头之间的缝隙，用螺旋手法加入马蹄莲、郁金香和喷泉草等花材。围绕花束的中心部分向两侧加入不同的花材，这里鸢尾，落新妇、喷泉草位置稍高，在花束中起到挑高的作用。

多头玫瑰‘黄蝴蝶’放在花束的左后侧高于其他花材一个半花头左右，使它展示的更加充分。检查花束整体颜色分布，花材高低位置，整体花束形状。用麻绳或花艺铁丝绑紧花束，并做好保水。将棉纸折叠两次形成四个角，以半扇形握住，环绕花束包装一圈，丰盈花束的整体。后方外包装高于花头 5~10cm，两侧及前方包装略低于里层棉纸。最后用不同材质丝带进行捆绑和装饰。

Case 78

简印

花艺师 Belle 惠 / **图片来源** 温州 VM 香草山

花材 Flowers & Green

春兰叶、玫瑰‘金枝玉叶’、多头玫瑰‘芭比泡泡’、多头玫瑰‘橙色泡泡’、熊尾草、干枯铁树、蓝刺球、棕榈果

步骤 How to Make

1. 把一小束春兰叶往四周翻开形成花朵形状，用铁丝扎好，形成一个块状花材。
2. 先以单头玫瑰、多头玫瑰和春兰叶作为块状和次块状花材打螺旋，做基本结构。
3. 加入蓝星球，拔高层次。
4. 后面加入铁树，做延伸，两侧的长短数量不对称。
5. 前面加入熊尾草，增加俏皮感。
6. 两侧加入棕榈果，和干枯的铁树形成风格呼应。
7. 柔软质地的姜黄色衬纸和硬朗质地的藏蓝色包装纸形成撞色，用不规则的包法做包装。

Case 79

多瑙河

花艺师 Belle 惠 / **图片来源** 温州 VM 香草山

花材 Flowers & Green

玫瑰‘暖玉’；雾面纸

步骤 How to Make

1. 把小张的雾面纸折成弧度折扇，用铁丝扎住根部，作为间隔装饰。
2. 把玫瑰和作为间隔装饰的小折扇一起打螺旋。
3. 花束扎好后，在前侧和后侧都加入稍微大一些的弧度折扇，注意后高前低。
4. 最外层用三张简约硬朗的包装纸包一圈。

Case 80

尚方宝剑

花艺师 Belle 惠 / **图片来源** 温州 VM 香草山

花材 Flowers & Green

文心兰；黑色包装纸

步骤 How to Make

1. 用文心兰做一个小花束。
2. 简约的竖型条纹蜡纸剪成小张，折成四个角后揉捏在一起，花束前后各一张，做衬纸。
3. 一张大的硬朗的黑色包装纸，贴上双面胶，耐心地卷成很长的冰淇凌长筒，头部做尖做细。
4. 把花束套入卷筒，卷筒口一圈的包装纸与花束扎牢。
5. 在扎口部分，用剪小的外包装纸做成褶皱，遮住扎口。
6. 在扎口绑上丝带。

Case 81

印跡

花艺师 赵静 / **图片来源** 武汉 Amber Flora 花艺工作室

引擎的气浪追逐风驰的印跡，
在岁月的赛道中漂移。

花材 Flowers & Green

芍药‘落日珊瑚’、鸢尾、银莲花、重瓣洋水仙、花毛茛‘蝴蝶’、蓝星花、咖喱、香雪兰、茇茇草、美人鱼郁金香、飞燕草‘千鸟’、火焰兰等

胭脂色

花艺师 梁子 / **图片来源** 北京梁子花艺

步骤 How to Make

用自然树枝制作一个水平形架构，用自然的手法制作花束注意花材自然属性和自然感。

花材 Flowers & Green

香槟色洋桔梗、橙色洋桔梗、橙色多头玫瑰、石楠叶、香槟玫瑰、红色松虫草

Case 83

豆蔻梢头

花艺师 赵静 / **图片来源** 武汉 Amber Flora 花艺工作室

娉娉袅袅十三余，豆蔻梢头二月初。

花材 Flowers & Green

玫瑰‘卡布奇诺’、芍药、多头玫瑰‘钻石’、银莲花、格桑花、郁金香、蓝盆花、飞燕草‘千鸟’、六出花、灯台、花毛茛‘蝴蝶’、桔梗‘冰淇淋’等

期待黎明

花艺师 赵静 / **图片来源** 武汉 Amber Flora 花艺工作室

让那些欣喜的、奇妙的，还有被温柔击中的瞬间，都变成闪闪发光的星星，来照亮平凡。

花材 Flowers & Green

帝王花、进口大花葱、玫瑰‘卡布奇诺’、玫瑰‘粉雾泡泡’、玫瑰‘海洋之谜’、中国桔梗、蓝星球、郁金香、大花飞燕草、鸢尾、蓝星花、地肤、六出花、复古色康乃馨等

方形架构花束

花艺师 王黎媛 / **图片来源** 昆明时时刻刻花植生活实验室

花材 Flowers & Green

银叶菊、木绣球、白色六出花、白桔梗、白色花毛茛、绿色花毛茛、康乃馨、白色松虫草、白色黑种草、茴香、香香果、喷泉草、尾穗苋；纸板、铁丝

步骤 How to Make

先用硬纸板剪成长方形，并且中间挖一个方形的镂空，用冷胶将银叶菊的叶片粘贴在硬纸板两面，架构基底完成。

在整个方形的中空内部插花，要注意整体的方形形态不被破坏。

在花材选择上整体用了比较自然和野花感的花材，不仅和架构材料相呼应，也很好地体现了季节感。

最后用尾穗苋作为下垂的衔接，拉伸整体线条，让花束更加有设计感。

雅意

花艺师 不遠 / **图片来源** 兰州不遠 ColorfulRoad

步骤 How to Make

1. 这款花束选择的花材比较简单，三款花材分别有大比例块状花材芍药，中等比例的玫瑰，散状花材的木绣球。
2. 使用螺旋方法将几种不同比例和形态的花材搭配成一束。
3. 用棉纸或雪梨纸衬底，使用同色系的包装纸进行包装。
4. 注意花束的整体比例关系为 5:3，手握点以上为 5，手握点以下为 3。
5. 拍照时注意背景的整洁感。

花材 Flowers & Green

芍药‘落日珊瑚’、玫瑰‘琉璃翠’、荷兰木绣球；雪梨纸

步骤 How to Make

1. 整理好花材，用散状花材和叶材打底，做框架。
2. 以螺旋的手法加入花材，注意花型与花的层次感。
3. 打好花束，做引水层、保水层。
4. 做外包装，注意褶皱的自然感。

一窥世界

花艺师 春雨 / **图片来源** 昆明春雨花艺

印象里你个性爽利，自由明朗，
一生很短，你要大胆。

花材 Flowers & Green

玫瑰‘果汁泡泡’、玫瑰‘月光美人’、多头奥斯汀玫瑰、洋桔梗、麦秆菊、小丽花、澳蜡花、尤加利叶、银叶菊

我做了一个梦

花艺师 春雨 / **图片来源** 昆明春雨花艺

在微醺的光里，安静想象，向往的生活。

步骤 How to Make

1. 挑选不同形态的花材，去掉杂叶，清理干净。
2. 打好花束，注意花材构图与层次感。
3. 做好引水层和保水层。包装纸和内衬纸最好选择同色系，包装纸不要太高。
4. 系简单蝴蝶结，做好收尾，干净整洁。

花材 Flowers & Green

玫瑰‘珍珠雪山’、香槟洋桔梗、小雏菊、紫罗兰、非洲菊、郁金香、翠珠花、银叶菊

落英缤纷

花艺师 阮鹏飞 / **图片来源** 西安聖瓦倫丁

注意玫瑰‘粉雪山’和各类配花之间的层次关系。

步骤 How to Make

1. 选择丰富的同色系花材，将郁金香花瓣撑开。
2. 螺旋制作时将尤加利叶落低，体现花材的饱满。
3. 让粉色红掌向一侧有延伸生长之状态。
4. 花束成型后调整花头朝向和分布。
5. 用白色雪梨纸做内衬，藕粉色纱做外衬。
6. 选用藕粉色双面欧雅纸进行外包装，尽量使花束包装层次丰富。
7. 选用纱带和缎带进行简单蝴蝶结配饰。

花材 Flowers & Green

白色紫罗兰、粉色红掌、粉玫瑰‘荔枝’、郁金香、粉色花毛茛、樱花粉康乃馨、粉色非洲菊、尤加利叶；雪梨纸、欧雅纸、粉色软纱玻璃纸、粉色丝带

缥缈

花艺师 阮鹏飞 / **图片来源** 西安聖瓦倫丁

注意玫瑰在绣球中间的穿插、向两边延伸的角度，各类的层次关系。

步骤 How to Make

1. 使睡莲和绣球充分吸水后进行保水处理。
2. 使用绣球作为螺旋打底花，进行螺旋穿插等手法。
3. 将圆叶尤加利及紫罗兰向两侧边缘和后方调整。
4. 玫瑰‘海洋之歌’向正前方调整，使花束的紫色系更加明显。
5. 使用两张雪梨纸进行空隙补充，白色网纱使用在正面。
6. 用双色欧雅纸进行外包装，点缀紫色圆点纱进行装饰。
7. 圆点纱带与白色细缎带进行简单蝴蝶结制作，完成作品。

花材 Flowers & Green

紫罗兰、绣球、玫瑰‘海洋之歌’、澳蜡花、睡莲、浅紫色洋桔梗、桉树叶；雪梨纸、欧雅纸、玻璃纸、白色网纱、粉紫色丝带

羽仙悄临

花艺师 春雨 / **图片来源** 昆明春雨花艺

在微醺的光里，安静想象，向往的生活。

花材 Flowers & Green

蝴蝶兰、炮盛、大花飞燕草、白掌、铁线莲、肾蕨、尤加利

步骤 How to Make

1、用螺旋的手法制作花束。

2、蝴蝶兰作为作品的主角，结合其花型，可让其自然下垂，更具优雅特性。

3、其余花材可组群分布，使得整体作品更大气。

4、因为本身花材都颇具特色，所以包装不用太过复杂，以体现、衬托花材本身的美感为主。

5、整体花材色彩较为清丽淡雅，故包装纸的颜色可选择饱和度较低的。

干枯橙紫色花束

Case 92

花艺师 王黎媛 / **图片来源** 昆明时时刻刻花植生活实验室

花材 Flowers & Green

秋绣球、玫瑰'紫霞仙子'、洋桔梗、康乃馨、紫色红掌、剑兰、尾穗苋、刺芹、紫罗兰、女贞果、大叶尤加利、干枯软树蕨

步骤 How to Make

干枯的软树蕨是这个花束的亮点。秋天树叶枯黄掉落，但这不代表结束，我们想给它赋予另一种生命。软树蕨卷曲的叶片呈浅棕色，我们用染色剂把白色的剑兰和康乃馨都染成咖啡色与它呼应。

加入大量浅色调的紫色，打破萧瑟感。利用橙色的尾穗苋提亮，让花束更有生机。紫色和橙色是一对临近补色，这样的色彩反差，让画面变得更有看点更新鲜。

黄百合熊抱花束

花艺师 王黎媛 / **图片来源** 昆明时时刻刻花植生活实验室

步骤 How to Make

这是一个用插花神器制作的熊抱大花束，插花神器的优势在于可以很好的做出花材的层次和空间感，而一些比较短枝的花材也可以用于花束的制作。

另外从花材的选择和包装纸的颜色上不难看出，这是一个夏天感的花束，所以用了季节感比较强的睡莲和芍药，其他整体花材选择也是浪漫轻盈的。而为了突出这种青春感，包装纸也用了像兔子耳朵一样的折叠方式，给人活泼可爱的感觉。

花材 Flowers & Green

多头百合、芍药、非洲菊、玫瑰'荔枝'、粉色洋桔梗、马蹄莲、冰菊、睡莲、洋甘菊、蓝星花、尤加利叶、绿枫叶

美人鱼的眼眸

花艺师 赵大发 / **图片来源** 延边雲端工作室

步骤 How to Make

选择重瓣绣球作为第一支花使其成为整个花束的底层铺垫，然后玫瑰‘海洋之歌’、翠珠花、郁金香依次插入绣球花瓣的缝隙中。这里郁金香做开放处理，将花瓣轻轻打开，使花朵完全展开。沿着绣球外围插入不同的花材，加入花材时，从拇指所在的捆扎点处插进去，花头朝向要面向前方。

加入花材时要查看整体花材的分布和高低变化，比如右侧郁金香的位置稍高，作为整个花束的高点出现。小飞燕填充花束的空隙，丰富花束。用花艺铁丝或麻绳在捆扎点上绑紧。水平修剪花茎末端，做好保水。

接下来将棉纸折叠，围绕花束扎上去，注意前后衔接，与花材呼应。外包装的纸张略低于棉纸，折叠出想要的层次扎上即可。最后绑上灰色与紫色的丝带，映衬整体色彩。

花材 Flowers & Green

玫瑰‘海洋之歌’、郁金香、重瓣绣球、小花飞燕草、洋桔梗；韩国灰色棉纸gm系列、韩国f2系列灰色

Case 95

雪初霁

花艺师 SONG / **图片来源** 武汉 SONG maxgarden

步骤 How to Make

黑边框的包装纸很有设计感，做包装的时候把包装纸做折叠的方式加入到花束中，整个花束会显得现代而时尚。

花材 Flowers & Green

玫瑰'海洋之迷'、花毛茛、绿绣球、须苞石竹、玫瑰'黄蝴蝶'、石蒜、风铃草、鸢尾、郁金香、小花飞燕草

弦歌

花艺师 周亚敏 / **图片来源** 武汉 Amber Flora 花艺工作室

在燕子飞舞的紫色天幕下想到，“诗歌、浪漫、爱，这才是我们生活的全部意义”。

花材 Flowers & Green

重瓣银莲花、铁线莲、郁金香‘米老鼠’、小花飞燕草、香豌豆、蓝盆花、重瓣郁金香、大阿米芹、玫瑰‘巧克力’、洋桔梗、重瓣兔葵、雪柳、小盼草、桔梗等

花信年华

花艺师 王懿玲 / **图片来源** 许昌觉匠

手抓点稍微靠上、密集花材的同时注意花与花之间留空隙。

步骤 How to Make

1. 春兰叶及尤加利打底做空隙间隔，收拢整体花形框架。
2. 加入主体花材，花和叶材同时加入、不同色花材注意三角形结构分布在作品里。
3. 整体形状偏向椭圆形结构，空隙位置填充花材。
4. 位于左或者右中间靠后位置加入线条花材挑高。
5. 加入焦点花材：进口花或者异型花材。
6. 收尾做包装。

花材 Flowers & Green

洋桔梗、火焰兰、复古康乃馨、玫瑰‘迪薇娜’、非洲菊、玫瑰‘柏拉图’、尤加利、桉树叶等；比较常见的双色欧雅纸、普通白色雪梨纸、韩版棉织带

Case 98

古城的秋（红色花礼）

花艺师 刘晓 / **图片来源** 西安西西地花艺

秋天的花材明度低，饱和度高但不会太沉闷。这个季节特有的成熟韵味正需要质感的颜色来衬托。

花材的颜色几乎都是低明度的色彩，但是花里给人的感觉却是质感满满，高级感十足。
可见，每个季节都有它特定的颜色，跟随着季节的变化才能体会四时之乐趣。

形状丰富的叶材，绽放的玫瑰‘胭脂’，使得整束花在颜色层次上更加递进。

花材 Flowers & Green

复古洋桔梗、复古百合、山里红、玫瑰‘胭脂’

步骤 How to Make

1. 以复古百合做非自然形态。
2. 第二部分加洋桔梗以及配草类植物突出焦点。
3. 外包装尽量以花束形态进行处理。

Case 99

尘拂不离

花艺师 SONG **/ 图片来源** 武汉 SONG maxgarden

步骤 How to Make

现代感花束，折叠包装纸的方式，做出包装的层次感。

花材 Flowers & Green

非洲菊、花葱、落新妇、黑色马蹄莲、向日葵‘泰迪熊’、金百合

Case 100

风满襟

花艺师 SONG **/ 图片来源** 武汉 SONG maxgarden

步骤 How to Make

一束温暖明媚的花束，大叶龟背竹作为花束的衬底，明媚的向日葵‘泰迪熊’，跳跃的喷泉草，洋溢着春天的气息。包装纸选用米黄色包装纸，层叠法做出包装的层次感。

花材 Flowers & Green

向日葵‘泰迪熊’、康乃馨、须苞石竹、马蹄莲、喷泉草、龟背竹

归海

花艺师 王懿玲 / **图片来源** 许昌觉匠

近色系配搭，用大花来做线条挑出、花束中间留心、整体椭圆形。

花材 Flowers & Green

大花蕙兰、玫瑰‘粉雾泡泡’、红洋桔梗、康乃馨、玫瑰‘海洋之谜’、风铃草、多头蔷薇、六出花、铁线莲、桉树叶；雪梨纸、双面二代韩素纸、logo缎带细丝带

步骤 How to Make

1. 用尤加利大小三支作为一个小支架，打底，做空隙间隔。
2. 加入主体花材，当然花和叶材同时加入，特殊花材注意三角形结构分布在作品里。
3. 整体形状偏向椭圆及长方形延展。空隙位置填充花材。
4. 位于左或者右中间靠后位置加入焦点花及副焦点花。
5. 线性花材或者叶材挑高出线条。
6. 收尾做包装，包装的时候留意纸的正反朝向，尽量服贴。

无邪

花艺师 王懿玲 / **图片来源** 许昌觉匠

叶材打底尽量不要透出来，作为实用型商业花束来设计，花材间隙留均匀。

花材 Flowers & Green

郁金香、六出花、百合‘铁炮’、洋桔梗、多头蔷薇、非洲菊‘炸毛’、翠珠花、玫瑰‘柏拉图’、玫瑰‘泡泡’；雪梨纸、双面二代韩素纸、logo缎带宽丝带

步骤 How to Make

1. 用尤加利大小三支作为一个小支架，打底，做空隙间隔。
2. 加入主体花材，当然花和叶材同时加入，特殊花材注意三角形结构分布在作品里。
3. 整体形状偏向椭圆形延展。空隙位置填充花材。
4. 花束 2/3 位置靠右前做焦点点缀。
5. 线性花材挑高出线条，少量叶子挑高。
6. 收尾做包装，包装的时候留意纸的正反朝向，尽量服贴。

Case 103

欢喜

花艺师 文慧 / **图片来源** 张掖往林间

多种花材混合搭配，花会显得饱满、厚重。一份欢喜，一份温馨。

花材 Flowers & Green

楼兰玫瑰、红果、穗花婆婆纳、莲蓬、紫罗兰、白色红掌、桔梗、蓝星花、玫瑰‘蝴蝶’、麻叶绣线菊

Case 104

婉婉有仪

花艺师 程新宗 / **图片来源** 武汉花屿鹿

步骤 How to Make

1. 首先用较短的叶材起底（便于后面打出层次）。
2. 用叶材打出花束的空间结构以及轮廓，可以把线形花材打得稍高一些。
3. 加入主花材，注意三角形分布。
4. 加入填补空洞的散状花材，如：大阿米芹、小菊。
5. 此花束制作要点一定要注意花材的高低分布，视觉平衡。
6. 收尾包装。

花材 Flowers & Green

黄玫瑰、洋桔梗、大阿米芹、雪柳、小米果、非洲菊、尤加利叶；卷筒纱、白色韩素纸、点点韩素纸

步骤 How to Make

1. 制作花束，注意阶梯、组群技巧的使用。
2. 打好花束，做引水层、保水层。
3. 白色雪梨纸做内衬，增加层次感。
4. 做圆形花束的外包装，不宜张扬。
5. 外部做纱裙，增加灵动感。

花材 Flowers & Green

玫瑰'海洋之歌'、
多头玫瑰、小菊、
藿香蓟、洋桔梗

Case 105

海洋之歌

花艺师 春雨 / **图片来源** 昆明春雨花艺

作品色彩以粉紫色系为主，包装配以白色长纱，美好而优雅。像极了校园里二十几岁的姑娘，怀着赤子之心拥抱未来与理想。

吸氧时刻

花艺师 春雨 / **图片来源** 昆明春雨花艺

作品以白绿色系为主色调，
花束的整体形态给人慵懒随性之感，
生活嘈杂，愿这束安静清爽的花，
让你的心灵得片刻休憩。

花材 Flowers & Green

白玫瑰‘荔枝’、天鹅绒、多头奥斯汀玫瑰、花毛茛、非洲菊、小菊、风铃草、尤加利叶

步骤 How to Make

1. 选择不同形态花材，以螺旋手法制作花束。
2. 花材摆放注意呈三角形构图。
3. 使用穿插手法表现有质感的花材。
4. 打好花束，做引水层、保水层。
5. 加雪梨纸和包装纸，注意纸的层次感要自然。

Case 107

水月

花艺师 程新宗 / **图片来源** 武汉花屿鹿

冰淇淋色彩。

花材 Flowers & Green

洋桔梗、尤加利花蕾、非洲菊、雪柳、尤加利叶、玫瑰；卷筒纱、韩素纸、蕾丝

步骤 How to Make

1. 打一个有层次的花束。
2. 韩素纸有序地围上一圈。

浮生

花艺师 程新宗 / **图片来源** 武汉花屿鹿

粉色系梦幻。

步骤 How to Make

1. 先用叶材起底。
2. 用穿插手法把花材均匀的分布。
3. 注意高低错落，疏密有致。
4. 包装纸不要过高。
5. 内衬选用要和花束整体颜色不冲突。
6. 此款为商业花束，商业花束的目的是为了便于售卖便于制作，此款易复制且运输途中不易损坏。

花材 Flowers & Green

玫瑰、康乃馨、洋桔梗、洋甘菊、小刺芹、细叶尤加利、小菊；卷筒纱 韩素纸

霞满天

花艺师 刘晓 / **图片来源** 西安西西地花艺

多种花材混合搭配，花会显的丰满、厚重。

花材 Flowers & Green

莲蓬、穗花婆婆纳、洋桔梗、蓝星花、商陆、玫瑰‘蝴蝶泡泡’

步骤 How to Make

1. 这款日常花礼更随性不需要太多技巧。
2. 先以洋桔梗花材螺旋状形成。
3. 其次融合商陆、蓝星花等材料。
4. 最后突出白色红掌的焦点。
5. 外包装的使用是为了防止花材受损以及好携带。

山温水软

花艺师 程新宗 / **图片来源** 武汉花屿鹿

清新的花朵搭配几支尤加利叶，让人感觉很温暖。

花材 Flowers & Green

小菊、尤加利叶、洋桔梗、黄玫瑰、粉玫瑰、香槟桔梗；卷筒纱、黄色韩素纸、黄色硬纸

步骤 How to Make

1. 用叶材打底，尤加利叶打出空间结构。
2. 加入主花材，可以使用穿插手法加花，注意高低错落层次分明。
3. 整体偏斜面球形花束，但是稍有不同。
4. 保水，加内衬、外包装、丝带结收尾。

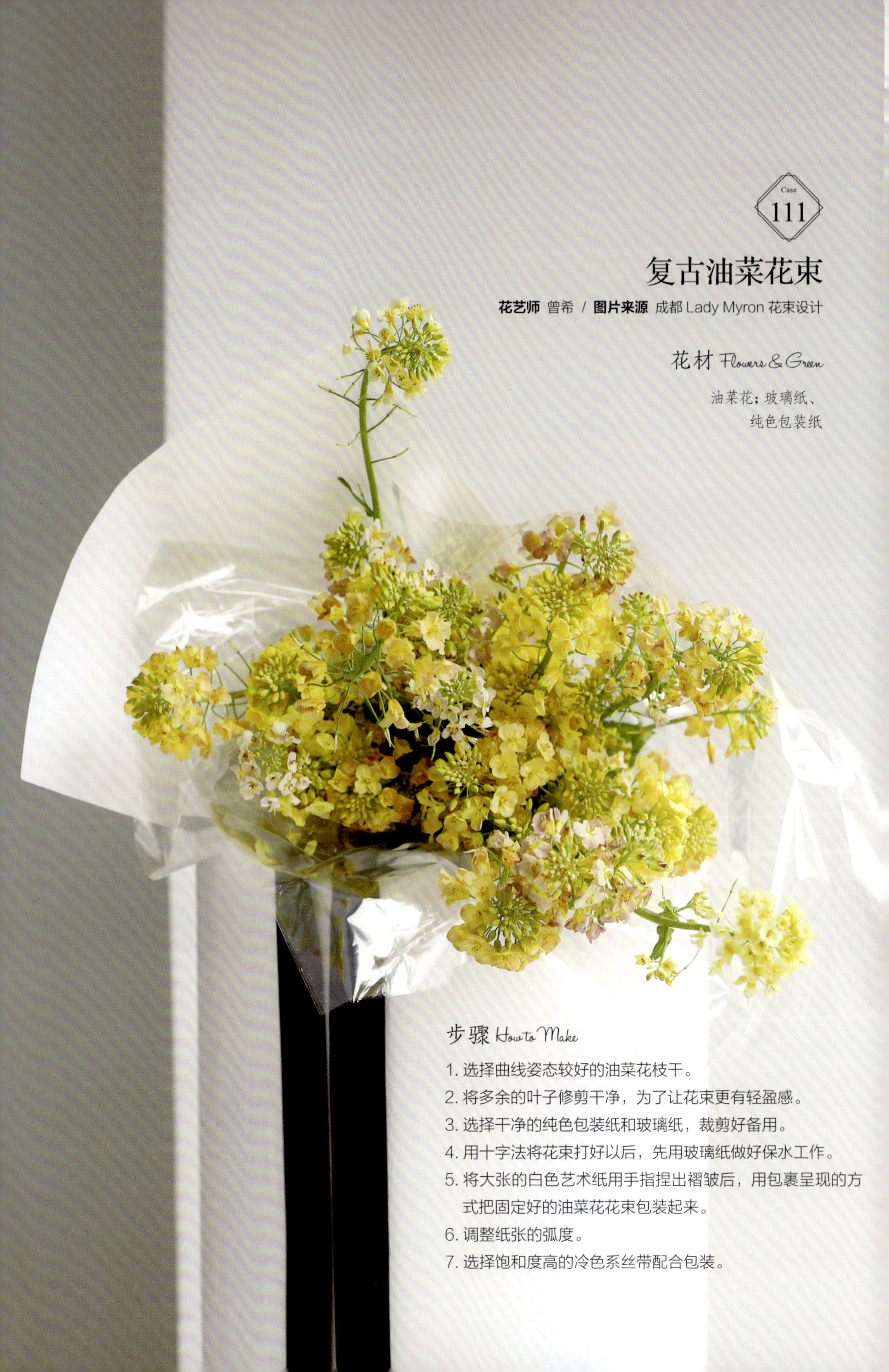

Case 111

复古油菜花束

花艺师 曾希 / **图片来源** 成都 Lady Myron 花束设计

花材 Flowers & Green

油菜花；玻璃纸、纯色包装纸

步骤 How to Make

1. 选择曲线姿态较好的油菜花枝干。
2. 将多余的叶子修剪干净，为了让花束更有轻盈感。
3. 选择干净的纯色包装纸和玻璃纸，裁剪好备用。
4. 用十字法将花束打好以后，先用玻璃纸做好保水工作。
5. 将大张的白色艺术纸用手指捏出褶皱后，用包裹呈现的方式把固定好的油菜花花束包装起来。
6. 调整纸张的弧度。
7. 选择饱和度高的冷色系丝带配合包装。

纸鸢

花艺师 曾希 / **图片来源** 成都 Lady Myron 花束设计

花材 Flowers & Green

雪柳枝、仿真虞美人、
白色康乃馨、银扇、
白色满天星

步骤 How to Make

1. 选择白色的包装纸和透明的厚款玻璃纸，剪裁好备用。
2. 先用大张玻璃纸包装做好保水。
3. 白色艺术包装纸用手捏出褶皱，用包裹烘托的方式围绕花束包装，然后固定。
4. 黑色丝带打造极简高级感。

梦幻泡影

花艺师 程新宗 / **图片来源** 武汉花屿鹿

纯白色系的花朵，让人感觉不那么真实，如梦幻泡影。

花材 Flowers & Green

康乃馨、白玫瑰、小菊、尤加利叶、洋桔梗、银叶菊；卷筒纱、白色韩素纸、点点韩素纸、硬纸

步骤 How to Make

1. 先用偏散状的花材和叶材起底。
2. 用穿插手法加花材，花材要高过叶材。
3. 加花时注意三角形分布花材。
4. 加包装纸时，将韩素纸从中间捏起来，四个角均匀的露出来。
5. 最后装上圆筒，系上蝴蝶结。

宫扇

花艺师 程新宗 / **图片来源** 武汉花屿鹿

鲜花需要封胶保持新鲜。

步骤 How to Make

1. 首先用十一根直径 2mm 金色铝丝攥成一把，用环保铁丝把十一根铝丝均匀的缠绕在一起，只用缠绕一半即可。
2. 把另一半铝丝均匀的左右掰开，注意角度均匀分布，用编织手法编织出扇子的感觉。
3. 用大量的铝丝做出弯月的形状，可以用铝丝缠绕木棍做出来“弹簧”一样的感觉加进去。
4. 可以用铝丝弯出叶子等形状加进去起装饰作用。
5. 用鲜花胶把花材粘到架构上。

花材 Flowers & Green

玫瑰‘咖啡时间’、水蜡叶、刺芹、圆叶尤加利、红豆、袋鼠爪、小菊；铝丝、鲜花胶

凌空

花艺师 程新宗 / **图片来源** 武汉花屿鹿

保持花材的空间感。

花材 Flowers & Green

玫瑰、蔷薇果、洋桔梗、非洲菊、龟背竹、小菊、水蜡叶、龙柳、雪柳、竹芯；环保铁丝、木片

步骤 How to Make

1. 用编织手法制作两个半圆形的架构。
2. 把两个架构连接在一起。
3. 用木片和环保铁丝制作出线条（木片剪成正方形小块用热熔胶粘接）。
4. 花材用穿插手法加入。
5. 用龙柳挑高做线条。
6. 剪根保水。

Case 116

序章

花艺师 程新宗 / **图片来源** 武汉花屿鹿

木片需有序排列。

步骤 How to Make

1. 架构整体形状是用瓦楞纸，穿插铁丝然后胶枪贴木片制作的。
2. 加花材时注意三角形分布花材。
3. 线状花材可以起到填补空间的作用。
4. 绑扎后剪根保水。

花材 Flowers & Green

向日葵、花毛茛、小菊、尤加利叶、龙柳、火焰兰；木片、铁丝、硬纸板

Case 117

舞引

花艺师 程新宗 / **图片来源** 武汉花屿鹿

步骤 How to Make

1. 此作品因为体量较大，可以用插花容器制作。
2. 注意花材高低分布，色块分布，以及线条感。
3. 包装纸层次较多，用“Z”字形包装折法。
4. 为了显得更统一内衬一定要加。
5. 收尾蝴蝶结。

花材 Flowers & Green

蝴蝶兰、文心兰、玫瑰、马蹄莲、尤加利叶、刺芹、麦秆菊、玫瑰‘泡泡’、亚百合；韩素纸、卷筒纱

所染

花艺师 春雨 / **图片来源** 昆明春雨花艺

染于黄则黄，一抹秋色里，我们相互看见。

步骤 How to Make

1. 准备喜欢的小提篮，填充花泥，高度与花篮齐平。
2. 围绕花篮边沿做低层次的花，以遮盖花泥。
3. 框架花材出花型。
4. 填充花材填补空间，营造层次感，给人自然之感。

花材 Flowers & Green

黄色郁金香、玫瑰‘果汁泡泡’、小雏菊、玫瑰‘黄金海岸’、乒乓菊、香槟玫瑰、香槟洋桔梗、尤加利叶

Case 119

有凤来仪

花艺师 娟紫 / **图片来源** 三亚燃熙

天堂鸟似凤凰般在云层上盘旋。

花材 Flowers & Green

马蹄莲、天堂鸟、翠珠花、白色澳蜡花、蝴蝶兰、细叶尤加利、玫瑰'坦尼克'、洋桔梗；白色雪梨纸、蒂芙尼蓝

步骤 How to Make

1. 使用螺旋手法，在制作这款花礼时，可以利用棉纸在节点处增加空间间距。
2. 先叶材再花材，边加叶子边加花材调整花头的方向以及高度。
3. 块状花朵花头靠在一起容易很密集的感觉，所以我们在选择花头的时候，避免大小一样的放一起。
4. 背面三张雪梨纸，侧面各两张，正面三张（对折、对角、单边对折褶皱手法）。
5. 晨雾纸是很好很实用的一种包装材料，花店的必备单品，各色都值得拥有。
6. 丝带选择质量较好，体现细节感。

Case 120

朗月清风

花艺师 王懿玲 / **图片来源** 许昌觉匠

手抓点稍微靠上、密集花材的同时注意花与花之间留空隙。

花材 Flowers & Green

洋桔梗、火焰兰、小花飞燕草、复古康乃馨、玫瑰‘迪薇娜’、玫瑰‘楼兰’、玫瑰‘柏拉图’、尤加利、桉树叶等；比较常见的双色欧雅纸、普通白色雪梨纸、韩版棉织带

Case 121

雪果

花艺师 小海 / **图片来源** 唐山花开未满

花材 Flowers & Green

油白色康乃馨、玫瑰‘白色荔枝’、橙色多头玫瑰‘蝴蝶’、橙黄色毛茛、雪果、细叶尤加利；白色雪梨纸、白色韩束纸

步骤 How to Make

1. 用细叶尤加利及雪果形成空间结构。
2. 加入康乃馨及白玫瑰，形成基础的视觉重量平衡。
3. 加入多头玫瑰及花毛茛，完成色彩分布。

重光

花艺师 王懿玲 / **图片来源** 许昌觉匠

黄色的花朵层层叠叠，如重光。

步骤 How to Make

1. 春兰叶及尤加利打底做空隙间隔、并且作为收拢整体花型的框架。
2. 加入主体花材，花和叶材同时加入、不同色花材注意三角形结构分布在作品里。
3. 整体形状偏向椭圆形结构、空隙位置填充花材。
4. 位于左或者右中间靠后位置加入线条花材挑高。
5. 加入焦点花材：进口花材或者异型花材。
6. 收尾做包装。

花材 Flowers & Green

向日葵、针垫花、洋桔梗、小花飞燕草、复古康乃馨、六出花、茴香、炸毛非洲菊、玫瑰‘柏拉图’、多头玫瑰‘黄蝴蝶’、玫瑰‘果汁泡泡’、尤加利、桉树叶；薄的双色牛皮纸、定制缎带、韩款宽纱带

向阳

花艺师 刘晓 / **图片来源** 西安西西地花艺

在桔梗花朵中，一只橘色的针垫花朝向窗外的阳光，即舒服也明朗。

步骤 How to Make

1. 玫瑰‘白荔枝’做堆积分布。
2. 雪柳以及尤加利叶材拔高整体的层次。
3. 玫瑰‘海洋之歌’做色彩调和。
4. 外包装简易牛皮纸进行包裹。

花材 Flowers & Green

针垫花、玫瑰‘海洋之歌’、玫瑰‘白荔枝’、雪柳、花毛茛

Case 124

甄心

花艺师 刘晓 / **图片来源** 西安西西地花艺

花材 Flowers & Green

洋甘菊、桔梗、玫瑰‘白荔枝’、金合欢、
玫瑰‘蝴蝶泡泡’、粉玫瑰

一束温柔的花儿，不会庸俗也不会过时，精致低调又超级耐看，一束花一个人，一份恰好的时光，你值得一切美好的事物。生命中总有一些温柔的人和事，值得我们低下头来说一声谢谢。也许，你想感谢的人有很多吧！

步骤 How to Make

1. 玫瑰‘白荔枝’以螺旋状自然散开致使高低层次。
2. 加入洋甘菊等复合型材料进行柔化。
3. 柔光膜进行简易包装。

Case 125

朝风

花艺师 娟紫 / **图片来源** 三亚燃熙

步骤 How to Make

1. 手法可使用螺旋手法或者十字交叉法打造花束灵动空间。
2. 在包装上避免将包装纸放置过高导致挡住花束的正面。
3. 背面两张雪梨纸，侧面各两张，正面三张（对折、重叠）。
4. 雪梨纸包好之后，晨雾纸在包装时起褶的间距不宜太大，否则会把花束挤的很小。
5. 选择临近色系丝带蝴蝶结。

花材 Flowers & Green

天堂鸟、洋甘菊、花毛茛、洋兰、蝴蝶兰、洋桔梗、翠珠花、百合‘水仙’、马蹄莲、尤加利叶、玫瑰‘梦幻芭比’、玫瑰‘金辉’、玫瑰‘闪耀’；桃粉雪梨纸、晨雾防水纸蜜糖色

花材 Flowers & Green

文心兰、洋甘菊、中国桔梗、洋桔梗、非洲菊；韩素纸

Case 126

和畅

花艺师 程新宗 / **图片来源** 武汉花屿鹿

保持花的空间感。

步骤 How to Make

1. 选择花材时选用了对比色进行搭配，会使花更有视觉冲击力（黄色紫色对比）。
2. 三支主花注意不要成一条线或者左右对称分布，而是要成三角形分布。
3. 花束娇小，在包装时注意不要弄伤花头。
4. 收尾包装。

怀抱

花艺师 程新宗 / **图片来源** 武汉花屿鹿

步骤 How to Make

1. 先把花材做好保水。
2. 将黄玫瑰和尤加利叶扎成花束。
3. 将白色雪梨纸置于里层。
4. 最后用双色欧雅纸和赫本纱进行最后的包装。

花材 Flowers & Green

黄玫瑰；白色雪梨纸、
双色欧雅纸、赫本纱

暖阳

花艺师 娟紫 / **图片来源** 三亚燃熙

暖黄色的花如冬天的阳光洒在身上。

花材 Flowers & Green

香槟玫瑰、玫瑰'闪耀'；蜜糖色雪梨纸、爱马仕橙晨雾纸（不透明）

步骤 How to Make

1. 此款花礼我们选择的是块状花材，使用螺旋手法制作。
2. 花束最后形态呈"V"字形。
3. 我们也可以做完之后再次调整花头的高度。
4. 正面两张雪梨纸。
5. 晨雾纸背面两张，侧面各一张，正面一共四张（将一张完整的裁成两张用在最外围即可）。
6. 香槟玫瑰以及玫瑰'闪耀'花材虽普通，但色系搭配好，一样可以卖出好价格。
7. 选择喜欢的色系丝带搭配，丝带可以选择质量相对好一些的，这样客户可以看到你的细节。

Case 129

谁家姑娘

花艺师 娟紫 / **图片来源** 三亚燃熙

步骤 How to Make

1. 使用螺旋手法打造空间感、层次感。
2. 两张白色雪梨纸置于背面。
3. 根据花材的大小裁剪六张外包装纸。
4. 背面两张包装纸平铺无需折叠。
5. 侧面各一张包装纸错位两边对折手法。
6. 正面两张包装纸要比花材低。
7. 加上白色波点纱使花束增添唯美感。
8. 最后搭配邻近色系丝带。

花材 Flowers & Green

香槟洋桔梗、红色千代兰、玫瑰‘闪耀’、大叶尤加利叶子、粉色金鱼草、多头玫瑰‘帕尔玛’；金绿色包装纸、白色雪梨纸

水中月

花艺师 阮鹏飞 / **图片来源** 西安聖瓦倫丁

注意色块的分布及花头之间的高低错落层次。

步骤 How to Make

1. 选用亮度较高的文心兰和蓝色绣球，白色花材调和。
2. 运用螺旋手法将花束打成圆形。
3. 注意花材色块的分布。
4. 遵循块状花、点状花、线状花由低向高的层次顺序。
5. 外包装颜色呼应花材颜色，灰蓝色雪梨纸做内衬。
6. 白色不透明雾面纸整体包装，使花束干净明亮。

花材 Flowers & Green

蓝色绣球、白玫瑰、文心兰、白色洋桔梗、蓝色洋桔梗、向日葵、喷泉草、黄色多头玫瑰、白色松虫草；浅蓝色雪梨纸、白色雾面纸、玻璃纸、浅蓝色丝带

秋天的歌

花艺师 娟紫 / **图片来源** 三亚燃熙

好多从前的事都发生在秋天，我们喝一杯红茶，去公园看湖水，穿好看的毛衣，捡起红黄相间的枫叶。

花材 Flowers & Green

香槟玫瑰、玫瑰‘梦幻芭比’、重瓣向日葵、玫瑰‘假日公主’、玫瑰‘夏日阳光’、玫瑰‘蒙娜丽莎’、香槟桔梗、玫瑰‘宝贝爱人’；中黄色透明玻璃纸、香槟色晨雾opp纸、灰色防水雪梨纸

步骤 How to Make

1. 使用螺旋手法螺旋点尽量低（靠下）打造空间感。
2. 块状花材之间花头高度适当调节。
3. 包装先用雪梨纸打造空间厚度，再用晨雾纸折叠、对折以及褶皱手法来营造空间感，让花束整体上看起来很大的视觉效果。
4. 包装不仅仅是为了美化花束，同时也要让花束体量看起来很大让客户觉得物超所值，包装起很大的作用。我们在用包装纸的时候尽量避免一张纸多次使用，给到客户最好的，客户也会给予你对等的回报。

SUN

花艺师 文慧 / **图片来源** 张掖往林间

打造轻盈、清新的螺旋花束。

步骤 How to Make

1. 使用螺旋手法，散状花材小雏菊，块状花材玫瑰、康乃馨和叶材尤加利叶打底。
2. 突出面状花材非洲菊和向日葵‘泰迪’，层次较明显。
3. 包装的时候用了容易拿捏的无纺布。
4. 花茎部分用质感明显的艺术纸，整个花束看起来轻盈、清新。

花材 Flowers & Green

迷你非洲菊、向日葵‘泰迪’、康乃馨、玫瑰‘金色海岸’、小雏菊、翠珠花、尤加利叶

Case 133

心动

花艺师 阮鹏飞 / **图片来源** 西安聖瓦倫丁

注意玫瑰和配花之间的层次关系。

步骤 How to Make

1. 将所用花材修剪干净，只留香槟桔梗花朵。
2. 香槟色紫罗兰留花头 1.5cm 左右以上花瓣。
3. 制作螺旋时将白玫瑰落地，香槟及橘色花挑出。
4. 螺旋整体后面高前面低的圆形花束。
5. 使用香槟色雪梨纸褶皱做内衬。
6. 双色欧雅纸和橘色雾面纸结合做外包装。
7. 正前方纸张倾斜包装避免太规整。

花材 Flowers & Green

玫瑰'珍珠雪山'、玫瑰'金喜'、香槟桔梗、洋甘菊、大丽花、玫瑰'蝴蝶泡泡'、穗花婆婆纳；香槟色雪梨纸、欧雅纸、玻璃纸、香槟色丝带

Case 134

动物花束——小狮子花束

花艺师 林晓玲 / **图片来源** 厦门晓作花艺

花束造型很多，也可以选择一些有趣的动物造型，充满童心。特别适合六一或生日时送给孩子或童心未泯的她。乒乓菊养护时间长，花器和形状特别适合做动物造型。

步骤 How to Make

1. 先用剪刀裁剪布织布，沿着乒乓菊一周，用胶水黏住，做小狮子的头发（造型可以自己设计）。
2. 用毛毡球做小狮子的耳朵和鼻子，然后黏上小眼睛。
3. 添加尤加利叶，打螺旋做成花束。

花材 Flowers & Green

乒乓菊、尤加利叶；
毛毡球、布织布、
小眼睛

Case 135

斑斓

花艺师 阮鹏飞 / **图片来源** 西安聖瓦倫丁

注意线性花材的层次和块状花材之间的组合关系。

步骤 How to Make

1. 将花材处理干净，对个别短枝草花进行提前保水处理。
2. 螺旋制作“V”字形花束（中间低两侧高）
3. 调整主花非洲菊和黄色针垫花的位置，使其醒目突出。
4. 将深色花材落底并使用色彩群组。
5. 将线条形花（飞燕草与紫罗兰）进行群组。
6. 使用香槟色雪梨纸做内衬。
7. 橘色雾面纸和双色欧雅纸进行外包装。

花材 Flowers & Green

进口非洲菊、大花飞燕草、紫罗兰、黄金球、玫瑰‘黄金海岸’、针垫花、玫瑰‘橙色泡泡’、桉树叶；香槟色雪梨纸、欧雅纸、玻璃纸、香槟色丝带

Case 136

彩虹天堂

花艺师 林晓玲 / **图片来源** 厦门晓作花艺

彩虹天堂，有你说的爱，在用幸福触摸忧伤，两个人，相守直到白发苍苍，自由的飞翔在灿烂的星光，有你在我身边。该花束打破传统单色 99 花束款，采用多色玫瑰组群，成彩虹样式 。干净、明艳，给人眼前一亮的感觉。

步骤 How to Make

1. 根据颜色把花材分配好 ，四款玫瑰支数一样（用 3 ~ 7 款不同颜色玫瑰均可）。
2. 采用打螺旋的方式，根据颜色一款款增加，打成四面观，根据颜色渐变，调整形状呈现彩虹状。
3. 加可利鲜做保水。
4. 用雪梨纸做内衬，外围用雾面纸做包装。
5. 系上蝴蝶结，整理好花束。

花材 Flowers & Green

玫瑰‘坦尼克’、香槟玫瑰、玫瑰‘闪耀’、玫瑰‘如意’；雪梨纸、雾面纸

水果花束

花艺师 林晓玲 / **图片来源** 厦门晓作花艺

该作品采用水果与花束结合，鲜花代表浪漫，水果代表甜蜜。打破传统花店的产品策略，制作可使用的花礼产品，新颖，特别适合送给对象是个小吃货的人。

花材 Flowers & Green

水果、红玫瑰、六出花、火龙珠、毛边非洲菊、澳蜡花、尤加利叶；气球托、保鲜膜

步骤 How to Make

1. 竹签用开水烫杀菌消毒。
2. 水果用保鲜膜包裹好，用竹签插进水果做固定（或用气球托放水果，包裹保鲜膜均可）。
3. 由于水果比较重，不易于手打螺旋花束，可先用包装纸在花泥上（一块竖立）固定做好外层包装。
4. 水果与花按打螺旋的方法，有层次感插入花泥。
5. 调整好花束，系上蝴蝶结。

Case 138

若谷

花艺师 范江 / **图片来源** 重庆花谷

本作品以白色为主，干净明亮。包装配以咖色，使整个作品沉稳了些。

花材 Flowers & Green

蝴蝶兰、非洲菊、六出花、桔梗、天堂鸟叶、圆叶桉；金边玻璃纸、(深浅)咖啡色包装纸、香槟色花结

步骤 How to Make

1. 用大叶桉打底，天堂鸟叶拉出整束花的空间。
2. 用绿色康乃馨和白桔梗做下段花的主花材。
3. 用非洲菊和白色兰花以穿插的方式加入到作品里，力求自然与层次感。
4. 增强高级感，选用玻璃纸为主要包装材料。

花团锦簇

花艺师 范江 / **图片来源** 重庆花谷

花材 Flowers & Green

绣球、红掌、花毛茛、洋桔梗、玫瑰'长相思'、天堂鸟叶、桔叶；粉色、红色包装纸、蓝色花结

步骤 How to Make

1. 此作品以块状叶材和花材为主。
2. 用绣球做为主花材，用红掌、玫瑰和桔梗以穿插的方式加入到作品里。
3. 色彩丰富，以暖色为主，注意色彩的平衡，适合做为生日献花。
4. 包装纸和花礼整体色彩不冲突。

初雪

花艺师 范江 / **图片来源** 重庆花谷

作品以白色系为主，花束的整体形态轻松随性。被污染的城市，希望白色给你的心灵带来一片纯洁。

花材 Flowers & Green

玫瑰‘白色雪山’、乒乓菊、洋桔梗、罗兰、金丝桃、小叶桉；白色雪梨纸、白色包装纸、香槟色花结

步骤 How to Make

1. 首先用较短的叶材起底。
2. 用玫瑰‘白色雪山’和白洋桔梗作为主花材。
3. 使用穿插手法加入其他花材，注意高低错落、层次分明。
4. 用主色调白色包装收尾，达到色彩的统一。

Case 141

仲夏

花艺师 范江 / **图片来源** 重庆花谷

本作品主要是多肉植物，辅以几朵鲜切花，绿意盎然，充满生命的活力。

花材 Flowers & Green

多肉植物静夜、黄金花月、莲花掌、丝绸面纱；金丝桃、珊瑚果、干燥玫瑰、白色花结

步骤 How to Make

1. 将每株多肉的叶冠呈十字状用铁丝做穿刺并捆绑。
2. 以平行手法将所有多肉做捆绑。
3. 注意整个多肉呈半球形状态。
4. 让小型多肉呈探出状态，力求充满层次感。
5. 捆绑时选择接近多肉色系或者浅色系的缎带。

Case 142

此心绎如

花艺师 刘栩绯 / **图片来源** 聊城花艺坊

步骤 How to Make

1. 螺旋手法依次加入主材和叶材，要有层次感。
2. 分散的加入羽毛。
3. 依次加入配花，要有空间感和比例。

花材 Flowers & Green

白色羽毛、洋甘菊、白乒乓菊、郁金香、白色康乃馨、白色火龙珠、白色桔梗、金鱼草、非洲菊、银叶菊、大阿米芹；白色蕾丝纱

Case 143

细嗅蔷薇

花艺师 阮鹏飞 / **图片来源** 西安聖瓦倫丁

注意玫瑰和配花之间的层次关系。

步骤 How to Make

1. 修剪好花材，使用尤加利与雪柳进行基础螺旋。
2. 螺旋左右及正前方花饱满，后方落低，使螺旋形成类似心形。
3. 调整花头朝向及将重色花材落底。
4. 使用白色雪梨纸进行内衬包装。
5. 双色欧雅纸进行外包装，淡色系花简单干净即可。

花材 Flowers & Green

白玫瑰、白桔梗、白色非洲菊、白乒乓菊、玫瑰‘帕尔玛’、玫瑰‘蝴蝶泡泡’、绿色康乃馨；白色雪梨纸、欧雅纸、玻璃纸、毛边丝带

Case 144

海天蓝

花艺师 唐唐 / **图片来源** 亲密思琳

陌上花开，暖阳如昨，她走在美的光彩中。

步骤 How to Make

1. 用玫瑰、洋桔梗做最初形态，注意大花头做形态花，小花头的洋桔梗可留着做线条花挑出。
2. 螺旋依次加入郁金香、黄杨叶、百合‘铁炮’等花材。
3. 最后用线条型的雪柳做延伸。
4. 包装纸先用棉纸打底，前面做褶皱，牛皮纸按花束大小裁剪，后面左右共四张，前面用两张纸（其中一张裁两半用）。

花材 Flowers & Green

洋桔梗、染色玫瑰‘荔枝’、染色郁金香、染色米花、雪柳、百合‘铁炮’、蝴蝶兰、黄杨叶、秋色尤加利叶；亲蜜思琳·韩国牛皮纸、棉纸、格纹丝带

Case
145

轻轻的

花艺师 大鹿 / **图片来源** 成都 INNERLab 花艺美学

随时保持空气感。

步骤 How to Make

1. 雪柳形成空间结构。
2. 依次添加进辅材。
3. 放入玫瑰‘坦尼克’，注意花材之间的空间及落差。

花材 Flowers & Green

雪柳、玫瑰‘坦尼克’、白色紫罗兰、郁金香、花毛茛、康乃馨、鸢尾、龙柳；白色雪梨纸、白色韩束纸、白纱

SANTORI
FLORA
FLOWER SHOP & SCHOOL

花材 Flowers & Green

须苞石竹、莲蓬、尤加利叶、绿桔梗、紫罗兰(白色)、白桔梗、澳蜡花、玫瑰‘白色雪山’等

翠色欲流

花艺师 婧婧 / **图片来源** 上海圣托里花艺

清爽宜人的花束，
最适合夏天。

Case 147

夏天的风

花艺师 文慧 / **图片来源** 张掖往林间

看到这捧花儿就想深呼吸，
在麦田边，有风吹过来。

步骤 How to Make

1. 螺旋手法，白绿色系，很清爽。
2. 空间感很明显，用的叶材较多。
3. 银叶菊茎秆较短，主要是加在下面撑空间。
4. 巴西叶可以订一下不然很突兀，也是加在中间把空间撑开，加上花材整体很清爽。

花材 Flowers & Green

玫瑰‘白色雪山’、乒乓菊、洋桔梗、六出花、莲蓬、须苞石竹、穗花婆婆纳、巴西叶、尤加利叶、银叶菊、雪柳叶

花材 Flowers & Green

白帝王花、黑色松虫草、圆叶尤加利、白色大花飞燕草、白色郁金香、洋甘菊、白色芍药；韩国浅绿色包装纸、OPP包装纸【7丝】、定制丝带4cm

步骤 How to Make

1. 螺旋点在 15cm 以下，花以组群的方式排列，形状为椭圆型。
2. 先用 OPP 纸在前方包一下。
3. 每张包装纸的尺寸跟花束的宽度相同，高度以最高点为准做高点高出 10cm 以内。
4. 除正前方的需要内折，其余的都以平行包裹的方法添加。

Case
149

情怀

花艺师 Z / **图片来源** 杭州 Z Flower

紫色是浪漫的色彩，令人向往的情怀。

步骤 How to Make

1. 处好花材。
2. 打螺旋，注意花材的高低错落感。
3. 用最快捷轻松的方式制作99朵玫瑰花束。
4. 简单的花材要体现包装的层次感。

花材 Flowers & Green

玫瑰

温暖

花艺师 Z / **图片来源** 杭州 Z Flower

黄粉的玫瑰，如阳光洒下般温暖。

步骤 How to Make

1. 处好花材，花材分好类。
2. 打螺旋，注意花材的高低错落感。
3. 简单的单品花材要体现包装的层次感。

花材 Flowers & Green

玫瑰'迪威娜'、尤加利叶、小盼草

Case
151

羽生花

花艺师 程新宗 / **图片来源** 武汉花屿鹿

本作品采用白色系植物，纯洁高雅，花中点缀几根白色羽毛，用仙女纱包裹，整体纯洁梦幻轻盈。

步骤 How to Make

1. 首先可以用气球杆或者花杆等等直线形材料，用铁丝绑扎出若干三角形，依次叠加，制作一个功能性架构。
2. 制作架构手柄，可以用铁丝缠绕羽毛固定在之前制作的架构上起装饰作用。
3. 以投入式加花配合螺旋手法，注意花材不可过高。
4. 起填充作用的花材，注意不要高过主花材。
5. 收尾上包装（此作品用多种白色包装纸，内衬一定要用纱，另外外包装也要用纱与内衬呼应）。

花材 Flowers & Green

白玫瑰、小菊、尤加利叶、乒乓菊、洋桔梗；卷筒纱、白色韩素纸、扭扭棒、羽毛、仙女纱

Case
152

魔法

花艺师 Z / **图片来源** 杭州 Z Flower

黑色的玫瑰似乎充满了神秘的魔法，
忍不住想一探究竟。

花材 *Flowers & Green*

玫瑰

步骤 *How to Make*

1. 处理好花材。
2. 以圆形方式打螺旋。
3. 圆形螺旋花材，要体现包装的轻盈感。

清凉一夏

花艺师 谢建斌 / **图片来源** 厦门晓作花艺

注意花材的空间层次。

步骤 How to Make

1. 为了不让花太拥挤、用打底叶材螺旋方式加入叶材花材。
2. 为了让花看似饱满、花型以立体三面观呈现。
3. 注意打底叶材不能太高、花材以组群方式添加。
4. 做好保水处理后加上包装材料、加入仙女纱和缎带收尾。

花材 Flowers & Green

蓝绣球、白桔梗、白玫瑰'坦克'、浅色紫罗兰、米珍、尤加利叶、栀子叶；辛西娅纸、仙女纱网、雪梨纸、韩束纸

文慧 张掖往林间

地址：甘肃省张掖市甘州区馨宇丽都B区

联系电话：18189570676

▶ 068、069、077、078、116、145、162

婧婧 上海圣托里花艺

地址：上海市青浦区业煌路168弄

联系电话：13889380688

▶ 028、082、083、160

娟紫 三亚燃熙

地址：海南三亚凤凰路山水国际峰秀阁11栋9铺面

联系电话：15008033227

▶ 023、024、132、138、141、142、144

刘影 亳州景二花艺

地址：安徽省亳州市谯城区幸福路五巷五号景二花艺

联系电话：13696749616

▶ 163

林晓玲 厦门晓作花艺

地址：福建省厦门市湖里区1798创业大街4号楼晓作花艺学

联系电话：15159229097

▶ 040、063、147、149、150

程新宗 武汉花屿鹿

地址：湖北武汉市洪山区野芷湖西路创意天地21号

联系电话：13349941339

▶ 022、117、120、121、123、126、127、128、129、130、139、140、166

小海 唐山花开未满

地址：河北省唐山市路北区西山道与大里路交叉口东北角

联系电话：13933332169

▶ 054、055、056、134

范江 重庆花谷

地址：重庆市江北区江北嘴金融城3号LG层

联系电话：13594709800

▶ 042、043、152、153、154、155

章玲 长沙27色花艺学院

地址：湖南省长沙市芙蓉区犁头后街27号

联系电话：13974846358

▶ 016、018

陈宥希 珠海 SEASONS FLOWER 花店

地址：珠海市香洲区水湾六号院，四季花田花店

联系电话：13527202322/18818651519

▶ 008、010、012、015

王懿玲 许昌觉匠

地址：河南省许昌市长葛市滨河路15号

联系电话：15617274777

▶ 057、072、073、110、114、115、133、135

阮鹏飞　西安聖瓦倫丁

地址：甘肃省张掖市甘州区馨宇丽都 B 区

联系电话：18189570676

▶ 025、031、070、071、102、103、143、146、148、157

Z　杭州 Z Flower

地址：杭州市苏黎士小镇提香别墅 51 幢

联系电话：18042426363

▶ 066、067、164、165、167

刘晓　西安西西地花艺

地址：西安皇家西西地花艺商学院

联系电话：18729981330

▶ 030、087、111、122、137、136

春雨　昆明春雨花艺

地址：云南省昆明市斗南花市二号馆 4 楼春雨花艺工作室

联系电话：18082724002

▶ 064、065、086、100、101、104、118、119、131

谢建斌　厦门晓作花艺

地址：福建省厦门市湖里区 1798 创业大街 4 号楼晓作花艺学

联系电话：15959273501

▶ 002、004、007、168

不遠　兰州不遠 ColorfulRoad

地址：甘肃省兰州市城关区麦积山路颜家沟 115 号

联系电话：13909403102

▶ 050、080、081、099

赵大发　延边雲端工作室

地址：吉林省延边州珲春市青年巷子

联系电话：13500923222

▶ 027、049、090、107

梁子　北京梁子花艺

地址：北京市怀柔区北房镇

联系电话：15588248222

▶ 046、047、048、095

甚蕃　徐州甚蕃 Flowerida

地址：江苏省徐州市鼓楼区汇源置地 901

联系电话：15152802323

▶ 032、034

王黎媛　昆明时时刻刻

地址：昆明市五华区金鼎山北路 14 号拾翠云南民艺公园 21 栋时时刻刻花店

联系电话：15812132390

▶ 035、036、037、038、039、058、084、098、105、106

Belle 惠　温州 VM 香草山

地址：浙江省温州市鹿城区学院中路 7 号浙江创意园 D-203

联系电话：15869424480

▶ 044、091、092、093

赵静　武汉 Amber Flora 花艺工作室

地址：武汉市江岸区南京路 5 号 C 栋 4 楼 Amber Flora 花艺工作室

联系电话：13901281396

▶ 045、059、085、088、089、094、096、097、109

曾希　成都 Lady Myron 花束设计

地址：成都市武侯区太平寺西路三号梵木 FLYING 文创公园 D7

联系电话：13086623821

▶ 041、051、124、125

SONG　武汉 SONG maxgarden

地址：武汉市江岸区合作路 19 号

联系电话：15172434020

▶ 033、052、053、108、112、113